朝日新聞宇宙部

朝日新聞デジタル企画報道部次長
東山正宜

講談社

朝日新聞宇宙部

プロローグ

10日間のハワイ出張が認められるなんて、朝日新聞もまだまだ捨てたもんじゃない。

２０２３年８月８日。ホノルルで乗り換えたハワイアン航空機からハワイ島が見えはじめると、私は心の中でガッツポーズした。

「ハワイに出張!?　旅行じゃなくて?」

「10日って長くない?　３泊４日で十分でしょ」

悔しがる同僚たちの顔が目に浮かぶ。

いやぁ申し訳ないね。

朝日新聞では記者が海外出張する場合、危機管理のために、出張先と滞在地、主な取材内容を編集局員全員で事前共有する決まりになっている。そのメールが流れ、私のハワイ行きが周知されるや否や、編集局がある東京本社の5階は蜂の巣をつついたような騒ぎになった。

でもま、ちゃんと予算申請もして編集局長の決裁も出てますから。今回の海外出張

は、業務として必要と認められた大切なお仕事なんですよ。8月のハワイだけど。
なお信じられないという顔つきの同僚たちの前で私は局長決裁を高く掲げ、人垣の海が割れてできた一本道を、スーツケースを転がしながら飛行機へと乗り込んだ(すいません、ずいぶん話を盛りました)。

眼下には、マウナケアの巨大な山体が見えはじめていた。

ハワイ諸島の最高峰で、標高は富士山より高い4205m。ハワイ語で白い山という名前の通り、常夏の島にあるにもかかわらず、冬には山頂が雪に覆われる。

特筆すべきは、山頂の、恐ろしいほど

ハワイ島・マウナケア山頂に並ぶ望遠鏡群

安定した天候だろう。

　常に東から吹く貿易風が島にぶつかって雨を降らせ、乾いた空気となって山を駆け上がる。おかげで快晴の夜は年になんと３００日。空気も薄いため空が澄みわたり、世界最高峰の天体観測地として知られるようになった。

　マウナケアの山頂には、13基もの大型望遠鏡が建設された。

　日本が誇る国立天文台の「すばる望遠鏡」もその一つだ。鏡の直径は８・２ｍ。望遠鏡が収まるドームは10階建てのビルに相当する高さ43ｍで、内部の温度を上げないための銀色の外壁は、飛行機の窓からでもはっきり目にすることができる。

今回の出張は、このすばる望遠鏡のドームの外側に、朝日新聞宇宙部が設置させてもらっている星空ライブカメラを交換するのが目的だった。朝日新聞宇宙部は、ＹｏｕＴｕｂｅのチャンネル（https://www.youtube.com/@astroasahi/）で２０２１年から、この世界最高の空を24時間３６５日ライブ配信している。

なぜ新聞社がそんなことをしているのか。読者のみなさんが疑問に思うのも無理はない。

本書では、新聞社が宇宙と天文を専門とするＹｏｕＴｕｂｅチャンネルを立ち上げることになったきっかけと、国立天文台や東京大学という日本有数の研究機関の協力を受けられることになった経緯、その摩訶不思議な成り立ちをお伝えする。またこの試みが、過去にほとんど撮影されたことがなかった流星の現象や、人工衛星からのレーザー、ロケットの残骸が放出する謎の渦巻きといった現象を数多く捉え、思いがけず科学的な成果も生まれていることを紹介する。そして、意外にも星空ライブがハワイ島の防災や社会に役立っているという事例も知っていただければと思っている。

朝日新聞宇宙部

目次

第1章 山頂の4Kカメラ

第2章 宇宙部誕生

第3章 星を撮るキャパ

第4章 宇宙部カメラが起こした奇跡

第5章 宇宙はどこまで分かったか

写真　東山正宜
ブックデザイン　鈴木成一デザイン室

第1章

山頂の4Kカメラ

いざ、ハワイへ

朝日新聞宇宙部は、ハワイ・マウナケア山頂にある「すばる望遠鏡」のドームの手すりに超高感度カメラを設置して、流れ星や山頂の大自然を24時間３６５日ライブ配信している。ライブ映像は朝日新聞宇宙部のＹｏｕＴｕｂｅチャンネルで見ることができる。

おそらく世界初であろう、星空を24時間３６５日ライブ配信するという試みは、２０１９年4月に長野県の東京大学木曽観測所でまず始まった。

2年後の２０２１年4月には、マウナケア山頂からも配信を始めた。

配信開始からそれぞれ4年と2年が経ち、機材のメンテナンスが必要な時期になってきたことから（なにしろ、真夏の炎天下でも雪降る厳冬でもカメラを動かしているのである）、せっかく機材を更新するなら映像の４Ｋ化もしてしまおうと、カメラと配信用のパソコンを大幅に入れ替えるのが今回のハワイ出張の最大の目的だった。

ハワイと日本との時差はマイナス19時間。

日本のお昼過ぎ、新聞社的には夕刊の編集作業が終わってそろそろ昼飯でも食べに行こうかなと思いはじめる午後1時ごろ、ハワイは午後6時で日没の時刻を迎える。

といっても、5時間進んでいるのではない。日本から見て日付変更線の向こうにあるハワイは、ここから「昨日の夜」が始まるのだ。

ハワイの夜が明けるのは、日本の日付が変わってすぐの午前1時ごろ。その夜明けは「昨日の朝」となる。

だから、日本からハワイに行くと、旅行者は出発した日をもう一度楽しめる。逆に、ハワイから帰国するときには一気に2日が過ぎる。ハワイに着いたときはお得感が割増しに、日本に戻るときは絶望感が増大する。


2023年の夏の暑さは異常だった。

私は普段、朝日新聞のデジタル企画報道部という部署でデスクをしている。デスクとは、記者が書いてきた原稿を手直ししたり、紙面やデジタルに掲載するために場所取りや調整をしたりする役職だ。

8月2日、朝日新聞は1面トップと2面いっぱいを使い、「今年の7月は日本の観測史上、もっとも暑かった」という記事を掲載した。

私はこの記事をデスクとして掲載まで差配し、6日後の8月8日、今度は筆者として「すばる望遠鏡、暗黒物質に挑む」という記事を1面トップと2面に載せた。ハワイ行きの便に乗ったのは、すばる望遠鏡の記事が載った当日の夜だ。

記者になって22年、デスク業は5年になるが、1週間のうちに1面、2面展開を2度もするのは結構しんどい。

並行してハワイ渡航の準備もあって、余計に慌ただしさが増していた。新たに設置する星空カメラシステムの設計や組み立て、ハワイの空を撮影するカメラと記録のためのカメラ、YouTubeで特別ライブをするためのパソコンの設定のほか、在日アメリカ大使館でIビザ（報道関係者用ビザ）の申請も必要とあって、飛行機がホノルルに到着したときにはすでに疲労気味だった。

入国審査でずいぶん待たされ、3時間の余裕があったはずの乗り継ぎに間に合わないというトラブルもあった。入国審査だけならぎりぎり乗り継ぎできたと思うが、ダニエル・K・イノウエ国際空港では、日本で預けたスーツケースをいったん旅行者自身が受け取り、あらためて乗り継ぎ便に預けないといけない。

にもかかわらず、なんということでしょう。

スーツケースの行き先を記した手荷物タグがきれいさっぱり外されているではありませんか。どこぞの匠の、なんて余計な計らい。これだとタグを再発行してもらわないといけない。しかし、カウンターにも自動チェックイン機にも長蛇の列。この時点でほぼジ・エンドである。

幸い、すぐ次の便に振り替えてくれたので予定より2時間遅れで到着できたが、ハワイ島のヒロ国際空港でレンタカーを借り、ホテルに着いてチェックインすると、私はベッドにばたりと倒れ込んで、しばらくの間、身動きできなかった。

どのくらいの時間が経っただろうか。

我に返らせてくれたのは、窓の外の雨の音だった。

突然のスコールが木々を揺らしている。むくりと身体を起こし、部屋のベランダに出てみると、外はすっかり熱帯の夕方になっていた。

大きめの雨粒が手すりで跳ね、足先に落ちる。土のにおいが立ちこめ、あたりはたちまちねっとりとした空気に包まれた。

意外なことに、気温は真夏の東京より5度ほど低い。そこに雨とあって、肌寒さを感じるくらいになっていた。

晴れていれば、ベランダの向こうには夕陽と、目指すマウナケア山が見えるはずだ。元気が出てきた。

私は、星空ライブを一緒にやってきた国立天文台の天文学者、田中壱《いち》さんに、晩ご飯のアポを取り付けるメールをした。

「せっかくアメリカに来たんで、ステーキを食べられるところに行きましょう！」

オニヅカ・センター

マウナケアは、天文学者たちのために、標高4200mの山頂まで道路が整備されている。だから、その気になれば、麓から1時間半ほどで自動車で山頂に上がれてしまう。
しかし、そんなことをするとひどい高山病になりかねない。命にかかわる病気だし、そこまでではなくても立ちくらみがしたり、気を失ったりしかねない。車ごと崖から落

下したり、転倒して頭を打ったりするかもしれない。

そのため、山頂に上がるにはいくつかの守るべき規制がある。

いきなり山頂を目指すのではなく、中腹の標高2800m地点にあるオニヅカ・インフォメーション・センターにいったん立ち寄らなければならない。

センターの名前は、ハワイ島コナ出身で日系アメリカ人初の米航空宇宙局(NASA)の宇宙飛行士エリソン・オニヅカ氏にちなむ。オニヅカ氏は1986年、2度目の飛行でスペース・シャトル「チャレンジャー」に乗り、打ち上げ時の爆発事故で亡くなった。事故から40年近くが経つが、ハワイではいまも大変尊敬を集めている存在だ。

センターでは、山の説明や注意点、山頂付近の天気予報の情報などを知ることができる。ヒロの市街地からは車で1時間ほど。ここで少なくとも30分は滞在し、高地に身体を慣らさないといけない。

高地に弱い人は、すでにここでしんどさを感じるという。私もハワイ滞在中、センターの隣にある天文学者向けの宿泊施設で2泊したが、確かに眠りが浅かった。国立天文台ハワイ観測所の研究者の一人は、「僕もここでは熟睡できないんで、帰宅時間が遅くなったとしても、ヒロの自宅まで戻って寝てます」と言っていた。

日本から着いたばかりの疲れた身体でいきなり高地に上がるのは、うまいやり方とは思えない。ということで、ハワイ入りした翌日はヒロのダウンタウンに滞在し、時差ぼけの解消と疲労回復に努めることにした。

ヒロは、ハワイ島の東側に位置する街だ。観光の中心地は島西部のコナで、ロサンゼルス・ドジャーズの大谷翔平選手が街の近隣に別荘を買ったことで話題になった。ヒロはコナと比べると地味なイメージだが、ハワイ島全体の行政区分であるハワイ郡の郡庁所在地で、役場や司法機関が集まる。ホノルルに次ぐハワイ諸島第二の人口を誇るものの、それでも5万人に満たず、街全体がのんびりした田舎の雰囲気に包まれている。

ヒロ滞在の拠点にしたヒロハワイアンホテルは、街の北側にある湾に面していて、近くには大型船が接岸できる港がある。このときも大きなクルーズ船が入港していた。背の高いヤシの木が立ち並ぶ光景は絵に描いたようなリゾート地だが、残念ながらハワイ島は海底火山が溶岩を噴出してできてからまだ日が浅く、サンゴ礁が発達していないため、白い砂浜はほとんどない（溶岩が砕けて砂になった「黒い浜辺」はある）。

ホテルから西に3㎞ほど、幹線道路カメハメハ・アベニューを走ったあたりが、ヒ

ハワイ島東部・ヒロの海岸

ロでもっとも賑やかな旧市街のダウンタウンだ。100年以上も前に建てられた木造の店舗やカフェ、伝統工芸品を扱う店などが立ち並び、観光客が集まる。

その一角、幹線道路に面した丁字路の南に太平洋津波博物館がある。

ハワイは歴史上、何度も大きな津波の被害を受けている。特にヒロは、1946年のアリューシャン地震と、1960年のチリ地震で、いずれも10mほどの津波に襲われ、それぞれ約100人と約60人が犠牲になった。

チリ地震では事前に警報が出ていたが、津波がチリの方向の南東側から襲来すると思って見物していた多くの人たちが、回り込んできた津波に飲み込まれて犠牲になったという。博物館は、こうした悲劇を繰り返さないよう、津波のメカニズムや特徴、そして恐ろしさを後世に伝えるために開設された。

とはいえ、私は観光には目もくれず、事実上の初日であるこの日からインタビューの予定を詰め込み、ひたすら仕事をしていたと、特に朝日新聞の同僚たちに強く申し上げたい。

ハワイの伝統的な星の話や、次世代の超大型望遠鏡の計画など、いずれもきわめて興味深い話で、それぞれ1時間ずつの予定だったのに話が尽きず、ランチの時間になったのでテイクアウトしたタコスを食べながら、なんと5時間ぶっ通しで話を聞くことになった。身体を休めて回復するという心づもりとは真逆になったが、非常に中身の濃い話を聞くことができた。

夜にはハワイ観測所のみなさんに歓迎会も開いていただいた。池の脇にあるオシャレなレストランで、ハワイ語でアヒというマグロのどでかいステーキを堪能した。うめー。これももちろん、親睦を深めて相手の本音を引き出すための記者の重要な仕事である。と、特に朝日新聞の同僚たちに強く申し上げたい。

あなた自身の責任で

翌朝10日。いよいよ山頂アタックの日である。

私たちは午前8時半、ヒロ郊外のハワイ大学の敷地内にある国立天文台の施設「ハワイ観測所」の駐車場に集合した。この日は初登山ということで、まずは田中壱さんが運転するトヨタの4ランナー（ハイラックスサーフに相当）に同乗させてもらって山頂を目指す。

今回のハワイ遠征では、次のようなスケジュールを組んでいた。

日本時間8月8日夜羽田発
8日　ヒロ到着（ハワイ時間）
9日　研究者らにインタビュー
10日　山頂アタック。星空カメラを交換。日没を撮影

11日　YouTube特別ライブの準備。夜半まで山頂で撮影
12日　朝までペルセウス座流星群特別ライブ
13日　機材の片付け
14日　研究者らにインタビュー
15日　ハワイ観測所長らにインタビュー取材
16日　帰国（日本時間17日羽田空港着）

最大の目的である星空ライブカメラの更新が、いきなりこの日に予定されている。また、12日には、ピークを迎える三大流星群の「ペルセウス座流星群」のスペシャルライブをYouTubeで配信しようとしていた。オンラインで日本とつないでゲストも招き、私と田中さんが対談する計画だ。

スケジュールはパンパンで、少しの遅れも許されない。

というと言い過ぎだが、カメラの交換は予備日があるものの、特別ライブはペルセウス座流星群のピークの夜なので日程が決まっており、遅れが重なるとスケジュール全体が崩壊することもあり得る。だから、高山病でぶっ倒れることは絶対に避けなければならない。私は山頂ではちゅうちょなく酸素チューブを鼻に突っ込む覚悟だった。

ハワイ大学の敷地内にある国立天文台ハワイ観測所。すばる望遠鏡から得られた観測データをここで研究者が解析している

山に向かう前、ヒロにあるセブン－イレブンに寄り、昼食と夜食を買い込んだ。ここから先、深夜にヒロへ戻ってくるまで、レストランなどは存在しない。山頂のすばる望遠鏡の管理棟にお湯はあるものの、カップラーメンはあらかじめ買っておく必要がある。

ヒロのセブン－イレブンには、日本のような手巻き寿司やおにぎりが並んでいて、さすが日系人が多い街だけのことはある。サンドイッチやカップ麺、水やらを2食分買っただけで37ドルしたのには閉口したけれど。

ちなみに、朝日新聞は海外出張でも食事代は自腹である。日当が一日4200

円支給されるので、そこから前夜のような会食や、朝昼の食事代をまかなう。制度の設計段階では、コンビニメシが日本円で5000円にもなる円安や物価高は想定されていなかったことに加え、制度の変更もやる気がない追いついていないので、海外出張をすればするほど記者の持ち出しは大きい。そんなことを考えながら食べた8ドルのハムサンドは、決してまずくはなかったが、一方で1200円の味もまったくしなかった。

ヒロを出た我々は、ハワイ島の東西を結ぶ幹線道路「ダニエル・K・イノウエハイウェー」を走り、1時間ほどでマウナケア山の中腹にあるオニヅカ・センターに着いた。ハイウェーは、島の東にあるヒロと、西部の観光地コナを結ぶ。ここ10年ほどで高規格化が進み、ずいぶん走りやすくなったらしい。中央分離帯がないので高速道路と呼ぶには気が引けるが、制限速度が時速80マイル（約130㎞）と緩いため、コナの観光産業で働く人たちは家賃が安いヒロに住み、どでかい四輪駆動車をばんばん飛ばして通勤している。

貿易風が島の東側から吹き続けるハワイ島は、標高1000m付近に雲がわきやすく、雨で路面が濡れていることが多い。そこをずいぶんな速度で飛ばしていくわけで、田中さんによると「道路脇の樹木に突き刺さった車を年に1回は見かける」という。私もこの出張の最終日前日にレンタカーを運転していて、センターラインをはみ出して来る対向車に出くわした。幸い、かなり距離があったので、近づく前に向こうが元の車線に戻ったが、まったくもって冗談ではない。事故は絶対に避けなければならない。まだまだやりたいことはたくさんあるし、もっともっと会社のお金で海外出張したいのだ。

オニヅカ・センターの前ではレンジャー隊員が待ち構えていて、山頂に向かう登山者に注意を呼びかけたり、二輪駆動の普通車で上がろうという人がいたら「あかんで」と引き留めたりしている。ここから100mほど登ると舗装がなくなって砂利道になることもあって、山頂に行くのは四輪駆動車しか認められていないのだ。

山頂までは約13㎞。日没の1時間後から夜明けの1時間前までは、観測の邪魔になるから山頂にいてはいけないことになっている。徒歩での登山も可能だが、センターで登山者情報を書き込まないといけない。もちろん、雪が降っているときの登山は推奨されないし、吹雪の予報が出ているときは研究者たちも上がらないから、山頂は無人になる。

とはいえ、そこは「at your own risk（あなた自身の責任で）」の国だ。かつてはレンジャーの忠告を振り切って雪のなかを徒歩で山頂まで登り、下山中に行方不明になった人もいたらしい（まだ見つかっていないという）。

午後5時以降はレンジャーも常駐しなくなるので、規則を知らずに二輪駆動車で山頂へと上がってしまい、動けなくなる車は毎年のようにいるという。

我々が乗っているのは国立天文台の公用車ということもあり、顔パスで通過して、センターの隣にある研究者向けの宿泊施設「ハレポハク」に入った。

ハレポハクは、ハワイ語で「石の家」を意味する。1983年に天文学者向けの宿泊施設として建設されたとき、石造りの施設がいくつもあったことに由来するという。

天文学者がいかに慣れているといっても、標高4200mの山頂での宿泊は認められていない。かといって、毎日ヒロまで戻るのは遠すぎる。だから、この2800mの中腹に寝泊まりや食事ができる施設が整備された。現在は日米など約10ヵ国の研究者が利用している。

私たちのような一時的な訪問者も、山に登る前にはいったんここに立ち寄り、最低

マウナケア山2800m地点にある
研究者用宿泊施設、ハレポハク

世界各国から天文学者が集まるハレポハクのロビー

30分間は身体を高地に慣らすよう求められている。ハレポハクには国立天文台のオフィスがあり、メールや天気予報をチェックできる。1杯は無料で飲めるコーヒーをすすっていると、30分はあっという間だ。

ここを出るといよいよ山頂アタックだ。

標高差は1400m。砂利道とはいえ、頂上まで30分しかかからない。空気は一気に薄くなる。車に乗り込む前、私は少しでも身体に酸素を蓄えておこうと、大きく深呼吸した。

私はこの翌日、田中さんの車とは別のレンタカーでハレポハクを再訪したのだが、入り口を見失って通り過ぎ、舗装がなくなるところまで進んでしまった。慌ててUターンし、あらためてハレポハクに入り直したのだが、駐車場に車を停めたところで、まんまとレンジャーのおっちゃんに呼び止められた。

おっちゃんは、私が四駆でないセダンで上から下りてきたのを見て、声をかけてきたらしい。「この車で山頂まで行ったのか」といぶかしんでいる。

いや違うんだ。知り合いの研究者と待ち合わせでここに来たのだが、エントリーをロストしてスルーアウェイしただけなんだと、しどろもどろの英語で釈明した。

おっちゃんはニヤッと笑って「ワカリマシター」と去っていった。なんだ、日本語しゃべれるんだったら早く言ってよ……。

走る宇宙人

田中さんが運転する四輪駆動車が、砂煙をもうもうと上げながら砂利道を駆け上がっていく。

標高２８００ｍのハレポハクを出て約15分。標高が３５００ｍを超えたあたりから、エンジンの出力が極端に下がっているのが、後席からでもよく分かった。なにしろ、頂上の４２００ｍまで上がると、酸素は地上の60％しかない。気圧が低くなり、空気そのものも、一気に冷たくなった気がした。

田中さんが、道路脇に盛り上がった岩石の山を指して、「あれはモレーンですよ」と教えてくれた。

モレーン!!

氷河が山を下る際に削りとられた山肌の岩石が、氷河の先端だった部分に堆積《たいせき》してつくる土手のような地形。高校の地理の授業以来、30年ぶりにその単語を聞いた。大昔、確かにここに氷河があったのだ。

まわりには、お椀を伏せたような茶色い山も散らばっている。かつての噴火口だ。ハワイ島の火山から噴き出す溶岩は、粘性がきわめて低く、水のように流れやすい。だから、マウナケアもマウナロアもキラウエアも勾配が非常に緩やかで、教科書通りの楯状《たてじょう》火山となっている。

ところが、ハワイ島の火山でも、噴火活動が終わりを迎えるころになると、溶岩の粘性が少し高くなってネバネバになるらしい。このため、緩やかな楯状火山の上に、活動終盤にできた噴火口の山がポコポコと散らばることになる。阿蘇山の米塚《こめづか》がたくさんあると言えばいいだろうか。

マウナケア山頂に向かうがたがた道は、その「米塚」の間を縫うように進む。そして、頂上付近で再び舗装路に戻る。腰が痛くなりそうだったのが一転、なんてスムーズ。あまりの快適さに文明を感じた。

最後の大きなカーブを抜けると、目の前に望遠鏡群が現れた。

赤茶けた斜面。その頂上の、一番左奥にあるのがすばる望遠鏡だ。その右には、まったく同じ形と大きさの望遠鏡が二つ、双子のように並ぶ「ケック望遠鏡」がある。す

ハレポハクから火山灰で赤く染まった道を
30分ほど上がると望遠鏡群が見えてくる

マウナケア山頂のはるか下に雲がたなびく

ばる望遠鏡とあわせ、三つのドームはビッグ3と呼ばれる。

車は、解体が進むカリフォルニア工科大学の電波望遠鏡や、中国と台湾、日本、韓国が欧州から運営を引き継いだジェームズ・クラーク・マクスウェル望遠鏡の横を通り過ぎ、斜面を回り込むように登りながら、すばる望遠鏡の裏手にある駐車場に入ってエンジンを止めた。

ドアを開けて、ゆっくりと外に出た。

真っ青な空、視線より下にある白い雲。目の前に、あまりに巨大なすばる望遠鏡のドームがある。高さと直径がいずれも約40mという威容である。

その瞬間、頭がくらっときて、意識が綿に包まれたようになった。

感動しすぎたのか、足元もおぼつかない。

いきなり高山病かよ、と背筋が凍った。決して激しく動いたり、無理をしたりしないようにしないといけない。そうでなくても、めまいや頭痛で動けなくなるだけでスケジュールが大幅に遅れてしまう。

ゆっくりと深呼吸をして、できるだけ多く酸素を取り込もうと試みた。

その真横で、田中さんが、車から降ろした荷物を抱えて建屋へと走っていく。慣れているとはいえ、走るんかーい。

田中さんは滞在中、ずっと小走りで動き回っていた。すごすぎる。
ふと見ると、我々が登ってきた道をランニングしている白人男性がいた。ランニン
グシャツとサングラス姿で、どうやら本気で走っているらしい。なんなんだ。高所ト

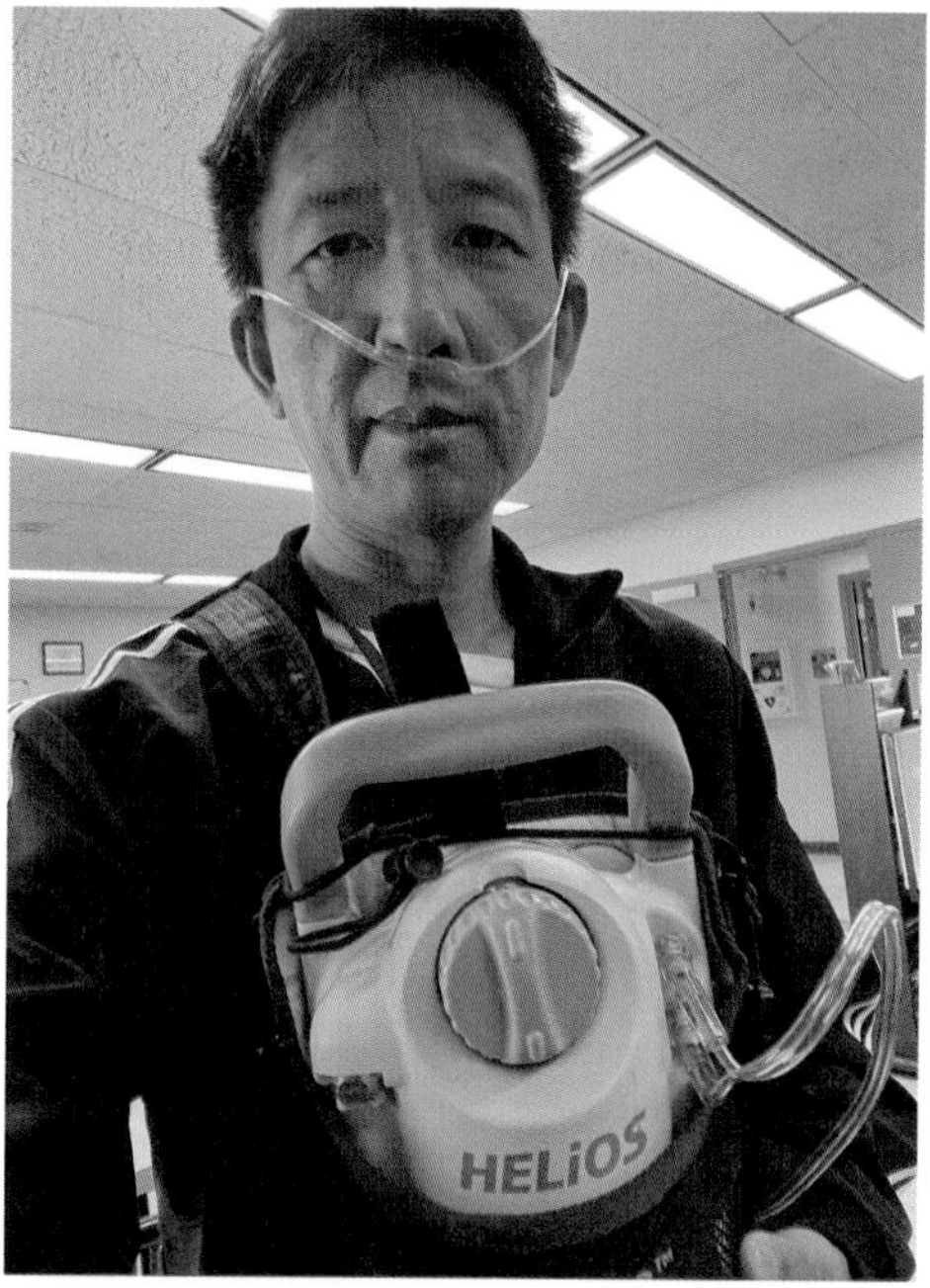

酸素の濃度が60％しかないため、酸素吸入器を鼻に入れて酸素を補う

すばる天文台までは四輪駆動車で上がり、専用駐車場に停車する

レーニングなのか。すばる望遠鏡の現地スタッフたちも「クレイジーだ」と驚いていたから、もしかして宇宙人だったのかもしれない。

私のような善良な地球人はあんなマネをするわけにはいかない。

活動するには酸素がいる。管理棟に入ると、田中さんが用意してくれた酸素吸入器の吸入用パイプをすぐさま鼻の両穴に突っ込んだ。この吸入器は、鼻からムフッと空気を吸い込んだときだけ、負圧を感知してタンクから酸素がプシュッと送り出される仕組みだ。酸素の消費量を少なくできる優れもので、慢性鼻炎の地球人にとってはちょっと扱いが難しかったが、滞在中は大変お世話になった。

いよいよ、すばる望遠鏡のドームに向かう。ヘルメットをかぶり、管理棟から貨物兼用のエレベーターに乗った。ハッチが開くと、ドームの入り口と、ドームの周囲をぐるっと取り囲む作業用の足場（キャットウォーク）が見える。

ついにここまで来た。

太陽の光が、すばる望遠鏡のドームに反射して、ますますまぶしい。

空が青い。風が冷たい。にもかかわらず、意外にも小さな虫がたくさん飛んでいる。驚くことに、モンシロチョウも一匹いた。

すぐ隣には、ケック望遠鏡の巨大な二つのドーム。星空ライブで見慣れた、そして夢にまで見た光景が広がっていた。

空気が薄いからか、極端に乾燥しているからか、景色の透明感がすさまじい。もやっぽさがまったくなく、まるで絵のように感じられる。おまけに望遠鏡のドームたちがどれも桁外れに大きいため、理性では100m以上先の構造物だと分かっていても、妙に近くにあるように見える。遠近感がおかしくなって、脳がバグるような感覚を覚えた。

星空ライブカメラはこのキャットウォークの手すりに取り付けられている。

ゆっくりと、かみしめるように足場を歩いた。望遠鏡のドームの外周を4分の1ほど進んだところに、朝日新聞宇宙部の星空ライブカメラはあった。縦20㎝、横幅30㎝ほどの防水カメラボックスに、ソニー製の超高感度カメラが入っている。

システムをつくったのは私だが、現地に設置されているのを見るのははじめてだ。この1年半前、日本から田中さんに送り、設置していただいていた。今回の交換で、星空ライブの映像は、フルHD（約200万画素）から4K（約800万画素）になる。風景や星々の精細さが大幅に上がるはずだ。

田中さんはさっそくカメラボックスの交換作業に入った。

私は足場をそのまま進み、まずドームをぐるっと一周させてもらうことにした。星空カメラが向いている東側には、双子のケック望遠鏡がある。そこから南側にかけて、ジェミニ望遠鏡やハワイ大学のＵＨ88（University of Hawaiʻi 88-inch telescope）望遠鏡などが山頂に並んでいる。西に出ると、遠くにハワイ島のもう一つの４０００m峰マウナロア山が、北側の水平線上にはマウイ島が見える。

文字通り雲の上の世界で、控えめに言っても天国に近いと思った。

4K映像の威力

足場を一周して戻るまで10分足らずの間に、田中さんはカメラボックスの交換をもう終えてしまっていた。酸素の少ない山頂では、思考能力が下がったり、忘れ物をしてしまう可能性も十分あると思ったから、交換は山頂での作業を最小限にできるよう、2ヵ所のボルトでカメラボックスごとごっそり入れ替えればいいようにしてあった

「朝日新聞宇宙部」の4Kカメラを入れた
特製のケースは、キャットウォークに
取り付けられている。
下はその内部

すばるのドーム外周の通称
「キャットウォーク」に立つ田中さん

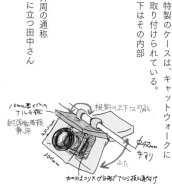

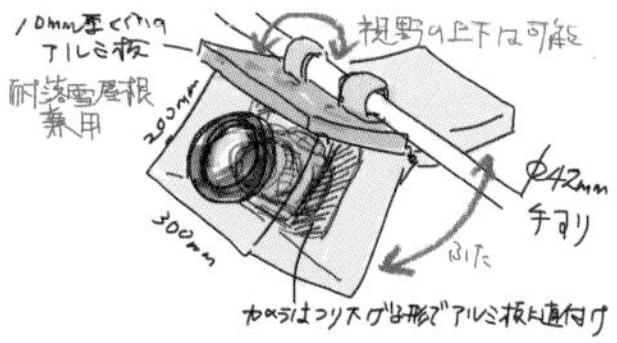

が、ここまで早いとは。いい意味で拍子抜けだ。

カメラボックスから映像の出力ケーブルを40mほど延ばし、エレベーター横の屋根の下に置かせてもらったパソコンに接続した。この映像配信用パソコンも今回、4K配信のために高性能なものに交換した。あらかじめ設定を済ませた状態で日本から送り、こちらも田中さんがすでに設置してくれていた。

電源を入れると、カメラからの映像が届いているのがディスプレーで確認できた。素晴らしい。よく見えている。夜になったらもう一度、星を見て詳しく確認しようと思うが、日本であらかじめ合わせておいたピントもずれてはいなさそうだ。

カメラとパソコンは、いったん設置してしまうと、あとは遠隔で操作することになる。山頂まではしょっちゅうは来られないので、基本的に人の手を借りずに済むように設定しているが、私は念入りにカメラとパソコンを確認した。まだ山頂にいるうちに考えられる限りの想定をして、トラブルの芽をつぶしておく必要がある。

何度も確認したのに、いざ配信を始めてみたら、合わせたはずのピントがずれている！　なんていうことは非常にあるあるだ。

この1ヵ月前、私は一足先に、長野県の東京大学木曽観測所に設置している星空ライブカメラとパソコンを同じように交換したが、東京に帰って星空ライブを確認してみたら、ピントが微妙にずれていて悶絶した。

あまりのショックに寝込みそうになったが、幸い、現地の研究者のみなさんが調整してくれて事なきを得た。そんなことは二度とないようにしないといけない。

ピントと設定をもう一度確認した。どうやら大丈夫そうだ。まあ、ここから先は、実際に配信しながらトラブルをつぶしていくしかない。幸い、山頂にはまだ数日は出入りする予定だから、とりあえず配信を始めて先に進むことにした。

今回、カメラが新しくなったといっても、レンズは同じで、向いている方向も同じだから、映像は一見、それまでと変わらない。4Kにしたといっても、小さなディスプレーで見ている分には違いが分からない。いったんすばる望遠鏡の制御室に戻ることにした。

制御室は文字どおり、すばる望遠鏡の制御をする部屋だ。望遠鏡をどこに向けて何を撮るのかといった計画は研究者が立てるが、実際に操作したり、現地で機器を交換したりするのは現地スタッフの人たちだ。スタッフは、昼間に機材の交換やメンテナンスをするデイクルーと、夜に観測中の望遠鏡の監視をするナイトクルーがいる。

この日のデイクルーは、クリストファー・ボゲスさんとテイジ・チバさん(写真)だっ

すばるのデイクルー、チバさん（左）とボゲスさん（右）

すばる望遠鏡の巨大な鏡を支える太い鉄骨

た。

実は、星空ライブカメラはこれまで、3週間に一回くらいのペースで、映像の青色がオレンジ色になってしまうトラブルが発生していた。青空がまるで火星のようなオレンジ色に染まるので、常連の視聴者からは「火星化」と呼ばれていた。

原因は、カメラからパソコンまでの映像信号の変換器が不調になることだった。高温による熱暴走か、それとも宇宙線が原因なのか（標高が高い場所では、高エネルギーの宇宙線が降ってきて半導体に悪さをされることはままある）は分からなかったが、この火星化が起こると、カメラの電源をオンオフしないといけなかった。

そんなとき、寒い中、制御室を出てキャットウォークまで行き、カメラをオンオフしてくれたり、パソコンの状況を確認してくれたりするのがクルーたちだった。冬、ドームに雪が積もっていると、上から氷の塊が落下してくる危険があるが、厭わずにキャットウォークまで行ってカメラを再起動してくれたこともあった。

映像が映るようになったのを確認すると、レンズの前に手を出して視聴者に手を振ってくれたり、YouTubeのチャット欄に解説を書き込んでくれたりするクルーもいる。今日の二人もそんなありがたいメンバーだった。

日頃の感謝を伝えると、「いや、我々もこのライブのおかげで助かってるんだ。霧が迫ってきてドームを閉めないといけないとき、すぐ確認できるからね」と言ってくれた。マウナケア山頂は基本的に非常に乾燥しているが、急に霧に包まれることがあり、ドームが開いたままだと、望遠鏡の鏡がびちゃびちゃに濡れてひどい目に遭うのだという。

制御室には大型のディスプレーがいくつもあって、そのうちの一台で常に星空ライブを流してくれている。配信が始まってすぐのころ、このモニターを見ていたクルーが、隣のケック望遠鏡のドーム内が明るいままなのに気づいて連絡したところ、実際に照明の消し忘れだったこともあった。ケック望遠鏡のクルーからはずいぶん感謝され、それからは星空ライブのチャット欄に登場して、視聴者の質問に答えてくれるようになった。

さて、4K化された映像はどうか。

みんなでディスプレーを見上げた。映像は青空の面積が大きく、ぱっと見には分かりづらかったが、ケック望遠鏡のドームの手すりなど、細かい部分を見ると精細さが格段に上がったのは明らかだった。ボゲスさんは「向こう側の道路を走ってる車の車種まで分かるよ！」と驚いていた。

それまで、4K化しても、それほど大きな差はないんじゃないかという懸念があった。パソコンやテレビのディスプレーの多くはフルHDまでで、4Kディスプレーを持っている人はほとんどいない。一方、データの重さはしっかり増える。デメリットの割に、メリットがあまりないのではないか。

幸いなことに、そんな懸念は杞憂だった。実際にはフルHDのディスプレーで見ても、画質の精細さは目を見張るものがあった。データ量がフルHDの4倍という4Kの圧倒的な情報量から再構成した映像は、フルHDディスプレーで見てもかなり違うらしい。

データ量が大きいと、カメラもパソコンも映像の処理に多くの電力が必要になる。必然的に発熱量も大きい。電子部品にとって高温は大敵だ。これまでも、特に夏の昼間には、カメラが熱で停止してしまうトラブルに悩まされていた。

山頂には太陽の強い光が降り注ぐ。おまけに空気が薄く、ファンを回しても送れる空気が少なくなるため、熱が取れにくい。今回投入したソニーの新型カメラ「FX3」は、動画撮影に重点を置いて冷却用ファンを内部に備えた業務用のものだが、標高4200mで24時間365日の撮影を続けるなんて、ソニーマーケティングの担当者も「そんな使い方は想定していません」と困惑を隠さなかった。

そうした経験から、今回の4K化では、電源まわりに余裕を持たせたり、防水カメラボックスにもファンを取り付けて積極的に外気を取り入れられるようにしたりと対策をとった。パソコンも同じで、内部空間に余裕があって熱がこもりにくい大型のデスクトップPCを選んだ。おかげで、交換から8ヵ月ほど経った2024年春時点でもライブ配信のトラブルはほとんどなく、高精細な4K映像が安定して配信されている。クルーのみなさんにカメラの再起動を頼む緊急事態もほとんどなくなった。

この日は、すばる望遠鏡への取り付けが進む新型分光器「ＰＦＳ」の開発を担当している国立天文台助教の森谷友由希《もりたにゆうき》さんがたまたま山頂にいて、ドームの内部とすばる望遠鏡を特別に案内してくれた。

すばる望遠鏡は、１９９９年に完成した日本最大の光学望遠鏡だ。高さは約20ｍで重さは約５５０ｔ。設計は三菱電機だが、実際に組み立てたのは日立造船というだけあって、望遠鏡というより、動く橋桁のような図太さがある。

てっぺんにはこの日、世界最大級のデジタルカメラ「ハイパー・シュプリーム・カム（ＨＳＣ）」が取り付けられていた。キヤノンが磨いた補正レンズは直径が約１ｍで総重量は約３ｔ。何もかもがでかい。

元天文少年にとっては、右を見ても左を見ても興奮が冷めやらない。

はじめての山頂で、最重要だった新型カメラとパソコンの交換がうまくいっただけでなく、すばる望遠鏡も見学できて私は大満足だった。

しかし、滞在が8時間に迫ったこともあり、このあたりで撤収することにした。山頂はまだ初日。高度にも慣れていないから、無意識に体力を消耗していたら危ない。

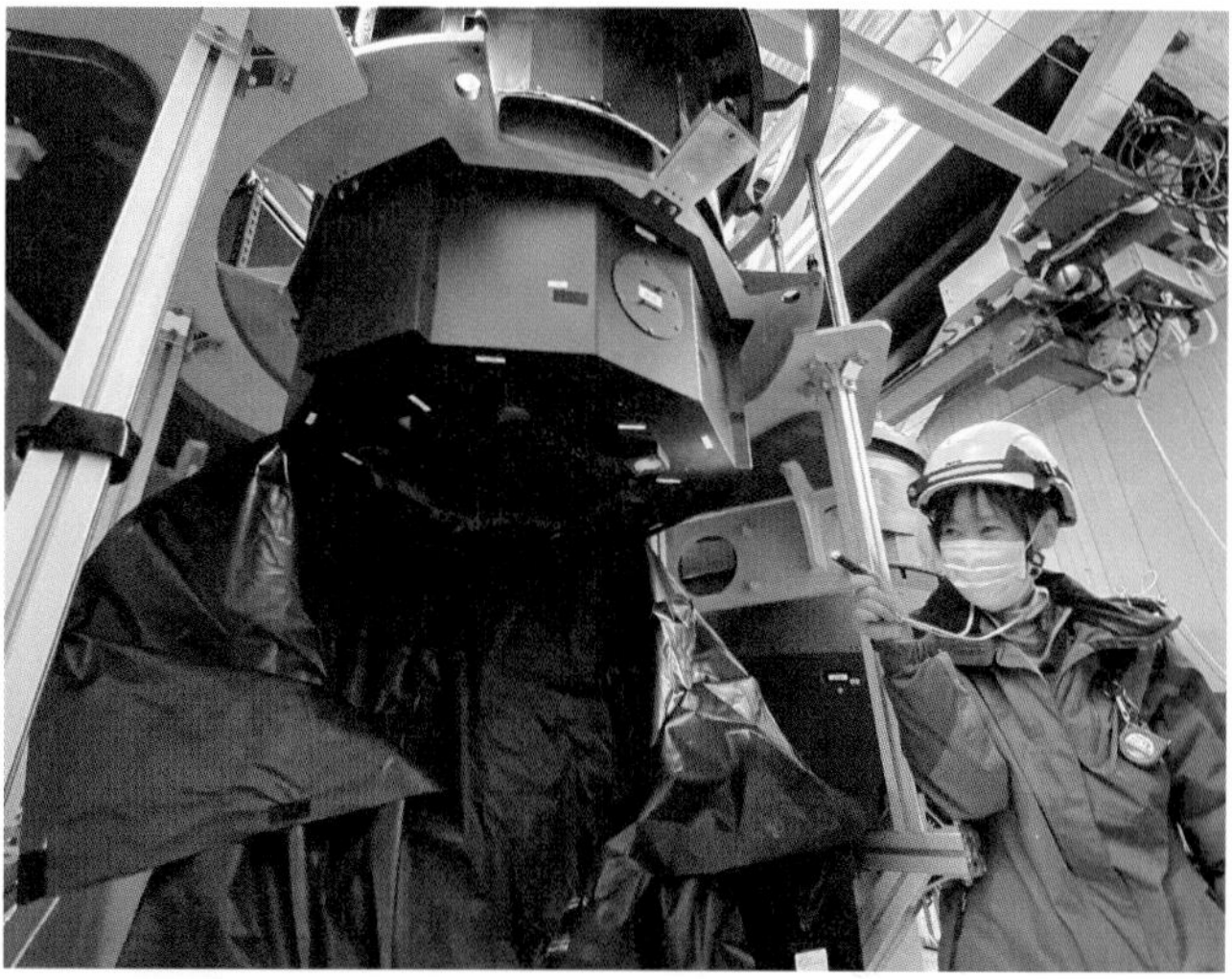

すばる望遠鏡に取り付けられる新型分光器「PFS」を案内してくれた森谷さん

すばる望遠鏡の主鏡。直径は8・2m

まだまだやらなければならないことはたくさんあるのだ。

どら焼き宇宙の片隅で

マウナケアの夜明けは、目を見張るほど美しい。漆黒《しっこく》の闇が少しずつ青くなり、白黒の世界が色を帯びはじめる。東の空が少しずつ赤くなり、次第に、画面全体が紫に染まる。

星空ライブでは毎日、この世のものとは思えないこの光景を日本時間の午前1時ごろに見ることができる。私はこれまでに500回以上、マウナケアの夜明けを見たと思うが、何度見てもその美しさと荘厳さに圧倒されてしまう。世界最高の朝を眺めてから眠りに就《つ》くという至高のルーチン。これを見られるだけで、星空ライブを始めて良かったと心から思える。

翌11日は夜に山頂で夜空を撮影する計画だった。8時間の滞在時間を考慮して、山

マウナケア山頂から望む夕焼け

頂到着は遅めにし、12日に予定している
YouTubeの特別ライブのためにカメラと
パソコンをもう1セット設置したり、それが
なぜかインターネットに接続できなくて悶絶
したりしていた。

日没が近づいていた。

星空ライブカメラでは、マウナケアの夕焼けを見ることはできない。カメラが東の空を向いているからだ。だから、私もまだ、山頂からの夕焼けを見たことがなかった。

すばる望遠鏡のドームの外にあるキャットウォークに再び出た。太陽が傾き、気温がひときわ下がって風が冷たい。くしゃみが出て、急いでフードをかぶった。世界中が史上もっとも高い気温を記録している2023年夏、8月ど真ん中のハワイで、私はヒートテック

4200mの高地では、真夏でも0℃前後まで下がるためダウンジャケットが必須

とダウンジャケットを着て震えている。

太陽が、マウナロアとマウイ島の間の雲海に落ちていく。雲の下に消えそうになってから、光が思いのほか長く残ったように感じた。空気が薄くて、光がなかなか弱まらないのかもしれない。

それでも、いったん日が落ちると、あたりは一気に暗くなった。マウナケアの夜は、突然に訪れる。空気が澄みきっていて、上空で反射する光が少ないからだろう。

この日は、日没後に資料用の星空写真を撮影する予定だった。私はアマチュア天体写真家でもあるので、マウナケア山頂からの星空撮影はぜひ実現したいと思っていた。その気になれば山頂に夜通し滞在できる許可も得ておいたし、星の動きを追尾できる望遠鏡の架台「赤道儀」も日本から持ち込んだ。仕事以上に準備はバッチリである。

すばる望遠鏡の観測棟の裏手にある空き地に赤道儀を設置し、入念に向きを北に合わせた。ここでできるだけ正確に北に向けておけるかどうかで、星の写りがまったく違ってしまう。

赤道儀にカメラを載せ、初日に教えてもらったハワイならではの星空を構図に入れようと四苦八苦した。

国立天文台ハワイ観測所広報普及専門員の臼田-佐藤功美子さんによると、ハワイでは春夏秋冬にそれぞれの星空が分けられている。夏の星空の物語「マナイアカラニ(Manaiakalani)」は、マウイの釣り針という意味だ。さそり座を釣り針に見立てるという考え方は日本にもあり、瀬戸内海の塩飽《しわく》諸島にルーツがある私は、幼いころに魚釣り星と習った。

ポリネシアの英雄であるマウイは、この釣り針で、海底にいる魚の王「ピモエ」を釣っている。海から巨大な魚が出てくる様子は、海底火山で新しい島が現れることを暗示しているという説もある。

ピモエはいて座のあたりで、釣り針から延びた糸をぐるぐると巻いているのが夏の大三角だという。この物語を一つの写真に収めるには、かなりの広角レンズが必要だ。しかも、すばる望遠鏡ともぜひ絡めたい。

構図の上下や角度をああでもないこうでもないと決めあぐねている間も、横では田中さんが機材の運搬を手伝ってくれたり、近くに停めた車の中で待機してくれたりしていた。マウナケア山頂では単独行動が認められておらず、必ず複数人で行動しないといけないことになっているからだ。なにしろ、標高4200mの高地ではいつ何時、意識を突然失ってもおかしくないのである。

天体写真家には経験上、2パターンの人間がいる。オバケが怖い人間と、怖くない人間だ。何を隠そう、私は前者である。大学で理学部物理学科を卒業し、素粒子宇宙物理学専攻で修士号を取ったバリバリの理系人間でも、怖いもんは怖い。

「オバケなんかより生きてる人間のほうが怖いよ」と言って、一人でどんどん山に入って行く知り合いもいるが、心の底からすごいと思う。

「そういう霊っぽいの、見たことあるの?」と言われると、一度もない。これだけ星空ライブを見ているが、UFOもない。ヘンな動きをする光点はすべて、雲の向こうの金星か、人工衛星か、ロケットの残骸か、ホタルかで説明できる。

それでも、ペルセウス座流星群を撮影しているお盆の丑三つ時に、急にふわっと冷たい風が吹いてくると、背筋がぞわっとするのはどうにも避けがたい。流れ星を撮影するときは、いつ飛ぶか分からない流れ星を何時間も待つことになるので、余計にいらんことを考えてしまう。

その昔、恐怖を紛らわしたくて、実家に帰省していたカミさんに電話をしたら、「なに？　なんかいるみたいな気がするの？　お盆だからね。みんな帰ってきてるんでしょ。あんまり長居しないほうがいいよ」と言われて泣きそうになったことがあった。でも安心してほしい。高名な天体写真家の沼澤茂美さんもオバケ怖い派だと言っていた。みんな怖くてみんないい。まあ、マウナケアにお盆は関係なさそうだけど。


頭上には、満天の星が広がっていた。

ミルキーウェーの名の通り、「ミルクをこぼしたように」明るい帯がうねうねと横たわっている。日本で見るのとはまったく違って、色が濃く、存在感は強烈だ。天の川は、私たちが住む銀河系の星の集まりそのものだ。

銀河系はどら焼きのような形をしていて、私たちは、銀河の中心から離れた片田舎に住んでいる。日本列島で銀河中心を東京に喩えるなら、太陽系は四国あたりだろう。四国から見ると、東京方面は人がたくさん集まってキラキラとまぶしい。星座でいうと、いて座の方向にあたる。いて座Aと呼ばれる銀河の中心にはブラックホールがあることが分かっていて、東京が多くの人を惹きつけているように、巨大な重力で周

りの星をのみ込みつづけている。

日本でも、夜空が暗い場所でなら、いて座付近のもっとも濃いあたりの天の川が南の空に見える。天の川はここから天頂方向に延びて、彦星であるわし座のアルタイルと、織姫であること座のベガの間に横たわっている。この天の川が愛し合う二人を引き裂いているのだが、年に一度だけ七夕の夜にカササギが引き合わせてくれるのだという。現代の88星座では、天の川に橋を架けているのは、はくちょう座だ。その一等星デネブとアルタイル、ベガが作る三角形が、夏の大三角である。

ところが、マウナケア山頂から見上げると、天の川は天頂を越えてさらに北に延び、カシオペア座も過ぎて、反対側の地平線までつながっている。確かに、我々は巨大などら焼きの内側にいるわけで、銀河の中心方向だけでなく、九州方向にも星の集まりがあるのは当然ではある。しかし、実際には、夜空が明るい日本で北の空の天の川を見るのは難しい。

それが、マウナケアでは難なく目視可能なのだ。

これまで私は、「マウナケア山頂は世界最高峰の天体観測地」と、知ったふうに何度も記事で書いてきた。だが、実際に目の当たりにしてみると、心の底からすんません、ぜんぜん分かっていませんでした、と頭《こうべ》を垂《た》れたくなった。

不思議なのは、夜空そのものはそれほど暗くはないことだった。暗さだけなら、2010年に小惑星探査機「はやぶさ」が帰還するときに行ったオーストラリア中部の砂漠地帯のほうが暗かった。あちらは文字通りの漆黒の闇で、星々が暴力的なほどのまぶしさで輝いていた。

一方、ハワイ島は、マウナケア山頂も、マウナロアの約2500m地点も、いずれもそこまで暗くはなかった（新月期の月明かりはない時期の比較）。にもかかわらず、天の川は驚くほど濃く見える。ハワイが日本と同じ北半球で、見えている星座も同じだから、比べやすく、違いが余計に際立つのかもしれない。

私はまだカメラの構図を決めかねていた。すばる望遠鏡とさそり座、いて座から夏の大三角までを視野にぴったり入れ込みたい。試し撮りをしてはカメラをちょっと動かし、試し撮りをしては動かし、行きすぎだと思って戻し……を30分くらい続けていた。

そのとき。

「流れた！」

田中さんが声を上げた。西の空に、かなり大きめの流れ星が飛んだらしい。

流れ星は、宇宙空間を漂うチリが地球を取り囲む大気とぶつかって光ったものだ。チリは数㎜のものがほとんどだが、なかには数㎝のものもあり、地面に影ができるほどの光を放つことがある。こうした特に大きな流れ星のことを火球という。

残念！

と、火球を見逃したときには思うものである。

長く天体写真を撮っていると、流れ星がシャッターを開けていないときに限って流れたり、レンズが向いていない方向にばかり飛んだりするのは非常にあるあるだ。

でもこのときは、そんな悔しい感情のようなものはまったくなかった。いま狙っているのは天頂方向で、西の空ではないのだ。

達観していられた理由はもう一つあった。実は、西の空は、別の場所ですでに撮影を始めていたのだ。

この日、私はまだ日が高いうちから、田中さんの車でジェミニ北望遠鏡に向かった。ジェミニ北望遠鏡は、山頂の東側、すばる望遠鏡の反対側に建つ。鏡の直径が8mあり、チリにあるジェミニ南望遠鏡と対になって全天をカバーしている。

ここの駐車場が、ハワイ屈指の夕焼けスポットなのだ。夕方には多くの観光客が車を並べ、カメラを西の空に向ける。夕日とケック望遠鏡、すばる望遠鏡を構図に収め

マウナケア山頂からヒロのダウンタウンをのぞむ

ることができる。

私もその構図を狙っていた。駐車場の少し奥まった場所に三脚を設置し、日没前からカメラのシャッターを切っていた。日が沈んで一番星が現れるまでを、自動で撮影していたのだ。

その後、すばる望遠鏡まで戻って、あらためて赤道儀を使って星空の撮影を始めた。マナイアカラニを撮るカメラの構図もようやく決まった。気がつけば、山頂に来てから8時間近く経っている。

赤道儀に載せたカメラは朝まで自動撮影させておくことにして、夕焼けカメラを回収して下山することにした。すっかり暗くなったジェミニ北望遠鏡の駐車場からは、眼下に遠く、ヒロの街明かりが見える。雲海が漂い、幻想的な光景が広がっていた。今朝まであそこにいたなんて信じられない。マウナケアでは、どこをどう切り取っても絵になるのだ。
ところで、田中さんが見たあの大火球は、夕焼けカメラにちゃんと写っていた。すばる望遠鏡とケック望遠鏡の真上にバッチリの位置で（56ページ写真）。こういう決定的瞬間は、撮れることになっている。撮れると思っていないと撮れないが、思っていれば撮れる。

二人の英雄

マウナケアの山頂に、なぜ世界の大型望遠鏡が集まるようになったのだろうか。
その経緯が、日本天文学会の月刊誌『天文月報』の1996年11月号に報告されていた。国立天文台ハワイ観測所にいた成相恭二《なりあいきょうじ》教授（当時）が、小学6年生のレーチェル・ヤマカワさんの記事を訳したものだ。以下に要約して掲載する。

英雄　小学6年　レーチェル・ヤマカワ　1996年1月16日

マウナケアの天文台に行った人は、どんな人がこの高い場所から星を研究しようと思いついたか、考えたことがあるでしょうか。夜中にヒロから寒い山まで登って、何もない山頂で星空を観測するなんてことを考えついたのは、私の祖父ミツオ・アキヤマです。

ある日、おじいちゃんが書記を務めていたハワイ島商工会議所に、マウナロア気象台のハワード・エリスさんが訪ねてきました。二人は昔からの友だちです。その日は涼しくて、よく晴れていて、おじいちゃんは、なにか特別で、すてきなことが起こりそうな予感があったそうです。エリスさんは、おじいちゃんの目をのぞき込んで言いました。

「マウナロアから毎日見ているけど、マウナケアはまだ空っぽだね。何かやろう」

1963年、おじいちゃんは、マウナケアで天体観測をできないか、世界中の研究者に問い合わせるための手紙を書きました。でも、誰も返事をくれません。このアイデアはダメか、とあきらめかけていたとき、アリゾナ大学の天文学者ジェラルド・カイパー博士から手紙が届いたのです。「大変興味がある。ぜひマウナケアを調査したい」とありました。

アキヤマさんは1942年にハワイ大学を卒業した。真珠湾攻撃の翌年で、多くの日系人が財産を没収され、強制収容所に入れられていた。収容されなかった人たちも、米政府から愛国心を疑問視されていた。

翌年、日系人による第442連隊戦闘団が陸軍に編制されることになると、志願し、イタリアやフランス、ドイツ戦線で戦ったという。部隊は隊員5000人のうち2000人が戦死する激しい犠牲を払って大きな戦果を上げ、米軍史上もっとも多くの勲章を受けた。

アキヤマさんは終戦の年の1945年に除隊し、ハワイ島の商工会議所に勤めた。ハワイ島はその後、主力産業だったサトウキビの国際価格が暴落し、不景気にあえぐことになる。そこに1960年のチリ地震が追い打ちをかけた。ヒロは10mの津波に襲われ、61人が亡くなった。産業も壊滅的で、商工会議所は、何とか新しい産業を興せないかと頭を悩ませていた。

そこで思いついたのが、マウナケアを天文学に使ってもらう案だった。実現すれば、研究者や技術者がハワイ島に駐在し、最先端の産業ももたらされるに違いない。

アキヤマさんがどれほどの思いで筆をとったのか、直接聞いてみたかったが、残念ながらアキヤマさんは2004年に亡くなっている。私はハワイ滞在中、面識がある人を捜したが、見つからなかった。

帰国後に調べると、ノンフィクション作家の山根一眞さんが1999年にインタビューしていたことが分かった。そのときのやりとりが著書『メタルカラーの時代11 わくわくする大科学の創造主』（小学館）に収録されている。

山根さんといえば、1990年代にNHKの『ミッドナイトジャーナル』のキャスターだった印象が強いが、科学ジャーナリストとして本当に幅広く取材されていて、著書も多い。

実は、小惑星探査機「はやぶさ」が2010年に帰還したとき、オーストラリアの取材でご一緒した。「はやぶさ2」が打ち上げられた2014年に鹿児島の種子島宇宙センターで再会。相変わらずはち切れんばかりの笑顔と大きな手で握手してくれたのをよく覚えている。76歳になったいまでも現地取材を重ねられているようで、本当に頭が下がる。

ぜひアキヤマさんのインタビューを引用させていただけないかとメールを出してみると、すぐに返信があった。

「いやー、久しぶり！　時々、記事は拝見していました。アキヤマさんは、海部宣男《かいふのりお》さん（元国立天文台長）からぜひ取材をして記事にしてくださいと言われてお目にかかったんです」

引用を快諾いただいたやりとりは、要約すると次のようなものだ。

山根　どうしてマウナケア山頂に天文台を作ろうと考えたんですか？

アキヤマ　いつも晴れていて気象条件がいい。これは星を見るにはいいのではと思ったからです。そこで、本当に天体観測に向いているかを天文学者に調べてもらわねばならないと考え、世界中の天文学者に手紙を出しました。私の手書きのメモを、妻が、ほら、そこのタイプライターで打ってくれました。サトウキビ産業の不振はハワイ島にとって大きな打撃でしたから、次は「科学産業」だといって、大きな話題にもなったんですよ。

ただ一人返事をくれたジェラルド・カイパー博士は、オランダ生まれの天文学者だ。天王星と海王星に衛星があることを見つけたほか、海王星の軌道のさらに外側に、小さな天体がたくさんあるドーナツ状のベルトがあることを発見した。この小天体の集まりはのちに「カイパーベルト」と呼ばれるようになる。

カイパー博士は翌1964年の1月、さっそくヒロのアキヤマさんを訪ねた。マウナケア山頂まで小型の望遠鏡を運び上げ、実際に星を観測してみると、大気がきわめて安定していて、星はぴくりとも動かない。手応えを得た博士は、「マウナケアこそ世界最高の天文観測地だ」と宣言して、NASAに天文台の建設を働きかけた。

ずいぶんとんとん拍子に進んだように見えるが、それもそのはず、カイパー博士はそれ以前からハワイに天文台を建設する構想を持って動いていたらしい。隣のマウイ島にある標高3055mのハレアカラ山もすでに調査済みだった。

マウイ島にはその後、太陽観測で知られるハレアカラ天文台が建設されるのだが、カイパー博士がやりたかった赤外線観測をするにはいまいちだったらしい。標高が足りなくて、湿度が高かったのだ。

アキヤマさんからの手紙は、カイパー博士にとっても渡りに船だったのだろう。曲折を経て、ハワイ大学が最初の望遠鏡を建設することになった。山頂までの道路はハワイ州が整備することになり、ジョン・バーンズ知事（当時）が建設費として4万ドルを計上した。

この望遠鏡が「UH88」である。鏡の直径が88インチ（2・24m）あり、ドームが鳥のくちばしのような形をしている。星空ライブでは画面の右端に映っていて、常連の視聴者たちからはヒヨコと呼ばれている。

UH88は、カイパー博士がマウナケアを初訪問した6年後の1970年にはやくも完成し、運用が始まった。太陽系の端っこに漂う小惑星の集まりをはじめて発見するなど、大きな成果を連発した。2m級という比較的小さな望遠鏡が大きな科学的成果をいくつも挙げたことは、マウナケア山頂の観測環境の良さをまざまざと証明した。

アキヤマさんの孫レーチェルさんの文章はこんなふうに結ばれている。

「おじいちゃんとカイパー博士がマウナケアに行って試験観測をしようと決めた日は、天文学の世界を変え、人々の道を開きました。二人の英雄がいなかったら、多くのことが未知のまま残されたことでしょう。もしあなたがマウナケアの天文台に行くことがあれば、ヒロの街を見下ろして、これを可能にした二人のことを思い出してください」


マウナケア山頂がなぜこれほど天体観測に適しているのか。標高だけなら、もっと高い山は世界にいくらでもある。

理由の一つは、近くに人工の光がきわめて少ないことだ。もっとも近い大都会は人口100万人のホノルルだが、オワフ島までは300kmほど離れている。東京から仙台の街明かりを見るのに等しく、ほとんど気にならない。

アメリカ本土や日本は数千㎞の彼方。ハワイ島内で最大の街はヒロだが、人口は5万人もいない。このため、夜空が非常に暗く、遠くにある天体からのかすかな光も捉えやすい。

もう一つが、きわめて安定した気流だ。日本で冬場に夜空を見上げると、星々がチラチラと瞬《またた》いて見える。これは、日本の上空を流れる偏西風が、チベット高原によって激しく乱され、その気流の乱れが日本上空まで続いているからだ。

ところが、ハワイには風上に高い山が数千㎞にわたって存在しない。このため、気流はすーっと流れて来て、去っていく。星々は瞬かず、まるで天球に張り付いたように見える。

瞬く星を望遠鏡で見ると、まるで星が上下左右にダンスしているように見える。気流が安定していて星の動きが半分なら、星の光は面積が4分の1のエリアに集中することになる。結果的に、その星の明るさが4倍になるのと同じで、同じ撮影時間でなら4分の1の暗さの星を捉えられることを意味する。気流の安定性は、望遠鏡の大きさと同じくらい重要なのだ。

マウナケア山頂の気流の安定性を調査した国立天文台の家正則《いえまさのり》名誉教授は「マウナ

ケアこそ世界一と言っていい」と語った。

こうして、マウナケア山頂は、すばる望遠鏡など世界の大型望遠鏡が13基集まる天体観測の「聖地」になった。

世界一の望遠鏡をつくろう

今回のハワイ出張では、マウナケアからぜひ実現したいことがあった。毎年8月中旬のお盆の時期に活動がピークを迎えるペルセウス座流星群のスペシャルライブである。

ペルセウス座流星群は、1月のしぶんぎ座流星群、12月のふたご座流星群とともに多くの流れ星が現れる三大流星群の一つだ。国立天文台は、夜空が開けた暗い場所でなら、日本でも一時間に30個の流れ星が見られると予測していた。

もちろん、世界有数の天体観測地であるマウナケア山頂からなら、さらに多くの流れ星を見ることができるだろう。

2023年のピークは月明かりもなく、条件は最高だ。

予想では、ピークの詳細な時刻は、日本時間だと8月13日午後5時ごろでまだ日が沈んでいないが、ハワイ時間では12日午後10時ごろとなる。2023年のペルセウス座流星群は、ハワイで観測するのがちょうどよかったのだ。うまくいけば、一時間に200個の流れ星が見える可能性がある。実に、一分に3個のペースである。

だからこそ、ペルセウス座流星群のピークに間に合うように配信を4K化し、チャンネルを盛り上げたいと考えていた。

せっかくだから、ケック望遠鏡が見えているいつもの星空ライブだけでなく、すばる望遠鏡と星空のツーショットのライブもしたい。

さらに、ゲストも呼んで、星空を見ながら話を聞くネットラジオのような配信もできたら面白いんじゃないか。次々にアイデアが浮かんだ。

ただ、4200mの山頂に夜通し滞在しつつ、ライブのような作業を夜明けまで続けるのは、体力的にも安全面からも無理がある。そこで、すばる望遠鏡のドームが映る構図の2台目の星空カメラを設置し、特別ライブを始めてから、私と田中さんはハレポハクまで下り、あらためて別の特別ライブをすることにした。

特別ライブでは、ゲストとして、流星の研究者で知られる国立天文台天文情報センターの佐藤幹哉《さとうみきや》さんと兵庫県・明石市立天文科学館館長の井上毅《いのうえたけし》さん、そして国立天文台名誉教授の家正則さんにご登場いただくことにした。

特に家さんは、すばる望遠鏡の建設予定地をどこにするかの選定から関わってきたもっとも詳しい専門家の一人だ。ライブでは、マウナケア山頂が建設地に選ばれた経緯や、完成から四半世紀の成果などについて聞いた。

東山　みなさんこんばんは。ハワイのマウナケアから星空をお届けしています。これから明け方にかけて、ますますたくさんのペルセウス座流星群の流れ星が現れると思います。さて、この時間は、すばる望遠鏡の生き字引ともいうべき国立天文台の家正則先生にお越しいただきました。

家　みなさんこんばんは。すばる望遠鏡は、日本がはじめて外国の地に設置した大型の望遠鏡です。建設費は400億円。日本のみなさん一人あたり400円の税金を使わせていただいたことになり、あらためてお礼を申し上げたいです。そして、素晴らしいマウナケアの夜空をリアルタイムで世界中の人にご覧いただけるようになった朝日新聞宇宙部の配信は本当に素晴らしい計画で、感謝したいと思います。

東山　とんでもない。このライブが実現できているのは、国立天文台のみなさんの応援があってこそです。特に家先生は、YouTubeライブのチャットにもコメントを書き込んでくださっていて、本当にありがとうございます。私は今回、はじめてマウナケアに来て、山頂からの星空を見ました。モコモコした天の川がカシオペア座を越えて北の地平線まで延びてるのが目ではっきり分かる。夜空のすごさに本当に驚きました。

家　私たちが銀河の中にいて、その周りに星の集まりがぐるっとあるんだということが実感できますよね。

東山　本当にそう思います。さて、すばる望遠鏡の計画が始まった80年代、家先生が世界のいろんな候補地を調査されて、最終的にハワイに建設することを決められたと聞きました。そのほかの候補はどこだったんでしょう。

家　チリのアンデス山脈やアフリカ沖のカナリア諸島、米カリフォルニアのロッキー山脈などです。いろんな場所に行って条件を調べました。マウナケアは、年間を通じて比較的強い風が吹くんですけども、絶海の孤島とあって、風上になにもないから気流が乱れない。星がチラチラしないんですね。世界でもっとも天体観測に適した場所と言われる理由です。ハワイは日本からも比較的近いし、日系

10秒ほどの間に12個の流れ星が現れたクラスター現象

の方もたくさんおられる。だから、すばる望遠鏡をマウナケアに設置しようということは、比較的早い段階で決まりました。

東山　建設ではどんな苦労があったんですか。

家　日本の天文学は1960年、岡山県に設置した188㎝反射望遠鏡から近代的な観測が始まりました。当時の日本は、これほど鏡が大きい望遠鏡を作る技術がまだなくて、イギリスから買ってきたんです。

その後、日本の天文学は、長野県の野辺山《のべやま》に直径45mの電波望遠鏡を建設して、ようやく世界レベルの研究ができるようになった。その次は、と考えたとき、世界の最先端に躍り出るには、世界で一番いい場所に世界一の望遠鏡を作らないといけない、となったんです。

世界一のために、やりたいことを何でもできる欲張りな設計になりました。望遠鏡のてっぺんや後ろ、横とか、いろんな場所にカメラを取り付けられるようにしたんです。どんな観測にも対応できるようにしたんですね。

そのためには、望遠鏡をかなり頑丈に作らないといけない。柱が太く、重くなって、結果的に総額400億円という高額な望遠鏡になってしまいました。

当時、大型望遠鏡の計画を進めていた各国による国際会議がありました。その場で、「日本の計画はちょっと欲張りすぎじゃないか」とずいぶん心配されました。なにしろ、ほかの国の望遠鏡の2倍の値段なんです。

「それなら2台作ればいいじゃないか。観測時間を2倍にできるから、科学成果を出しやすいだろう」と言うんですね。すばる望遠鏡の隣にあるケック望遠鏡は、まさにそんな合理的な考えの望遠鏡です。最小限の強度にして、軽く、安く設計することで、口径10mもの巨大望遠鏡を二つ作りました。すばる望遠鏡を見た後だと、心配になるくらい華奢《きゃしゃ》な望遠鏡です。

すばる望遠鏡は、日本がはじめて海外に建設する望遠鏡でしたから、2台あっても運用できる人的余裕がない。1台でいろんな観測をできるようにするしかなかったんです。

結局、400億円の計画を旧大蔵省に概算要求するんですけれども、これは当時の国立天文台の実力（年間予算）の4倍以上なんです。正直、こんな予算が認められるとは思っていなかったんですが、日本学術会議や旧科学技術庁からもいい計画だと後押ししていただいた。日本経済が右肩上がりの時代だったこともあって、意外にもスムーズに建設が決まってしまって。非常に驚いたという記憶があります。

いま振り返っても、すばる望遠鏡を丈夫な設計にしたことは大成功でした。そのおかげで、広い視野を確保できる望遠鏡のてっぺんに大きくて重たいカメラを取り付けられます。ハイパー・シュプリーム・カム（HSC）という、キヤノンがすごく大きなレンズを磨いた3tもある世界最大の9億画素のデジカメなんですけど、そんなバカでっかいデジカメ、普通の望遠鏡にはつけられません。

これで、広い空をいっぺんにバシャッと撮って、星からの光を波長ごとに分ける分光観測をして、138億年前に生まれた宇宙が、まだよちよち歩きの時代の、初期の銀河をたくさん捉えることに成功しました。この研究で、すばる望遠鏡は世界をリードして大活躍することになります。

欧米のグループはこの成功を見て、自分たちの望遠鏡にも大きなカメラをつけたいと考えたんですけども、柱が細いから、重いカメラをつけたらグラグラしちゃうんです。だから、こうした広視野の観測をするという分野では、すばる望遠鏡はいまだに世界の第一線にいます。

遠からず新型の分光装置「ＰＦＳ」の運用も始まります。さらに大きな成果がたくさん出てくるんじゃないかと大変期待しています。

虫の目と鳥の目

ＰＦＳ（超広視野多天体分光器）は、ハイパー・シュプリーム・カム（ＨＳＣ）の次の世代の大型観測装置だ。
宇宙にたくさんあるのに、見ることも触ることもできない「暗黒物質（ダークマター）」の謎に迫ることが期待される。

ダークマターとは、宇宙の4分の1を占めるとされる正体不明の成分だ。まるでSFに登場しそうな名前だが、実在すると考えられている物質で、星々のような普通の物質の5倍ほどもあるとされる。ちなみに、宇宙の残りの7割を占めるのはさらに意味不明な「暗黒エネルギー（ダークエネルギー）」だ。

ダークマターもダークエネルギーも、現代物理学の最大の謎の一つ。その正体が分かればノーベル賞は間違いないとあって、世界中の研究機関が正体探しにしのぎを削っている。

ダークマターの存在が最初に示唆《しさ》されたのは1930年代だった。銀河団という銀河が集まっている領域を観測したところ、それぞれの銀河の動きが予想よりもはるかに速いことが分かった。水を入れたバケツをすばやく振り回すと遠心力で水が落ちてこないように、速く回る物体には外に向かう力が働く。太陽の周りを回る地球も、地球を回る月も、重力と遠心力が釣り合っているからこそ、ほぼ同じ軌道を回りつづけている。

だから、動きが速すぎる天体は、同じ軌道を回っていられず、飛んで行ってしまうことになる。実際、彗星には、太陽に近づいたあとそのまま飛び去ってしまい、二度と戻ってこないものもある。

この銀河団の中のそれぞれの銀河も、かなり速かった。普通に考えると、銀河団は集団でいることができず、バラバラになってしまうはずだ。なのに、大昔から集団を保っているらしい。

なぜか。目に見える物質だけでは説明できない、見えない何かの重力が、銀河たちを引き留めているのではないか。

ここまでなら荒唐無稽《こうとうむけい》な仮説だと否定もできたが、1970年代にアメリカの女性天文学者ベラ・ルービンが新たな発見をした。ある銀河の回転速度を詳しく調べたところ、銀河の中心近くの星も、中心から遠く離れた星も、回転の速さがほとんど同じだったのだ。計算してみると、銀河のすべての星々を足し合わせた重さの10倍の重さがある「見えない何か」があれば、星々のこうした動きを説明できるらしい。ここに至って、ダークマターの存在が確実視されるようになった。

世界ではいま、大きく二つの方向性でダークマターの正体に迫ろうという研究が進んでいる。

一つは、ダークマターの候補となる物質を作ったり、探したりする「虫の目」の試みだ。

計算上、ダークマターは地球のなかに500gほどあると考えられている。正体はよく分からないが、とにかく未知の素粒子だとして、まだ見つかっていないということは、非常に検出しにくい、つまりきわめて軽い素粒子に違いない。だとすると、数はべらぼうに多いはずだ。

だから、検出器の中にとんでもない量の水を貯めておけば、どんな物質もスカスカと通り抜けて相互作用をほとんどしない素粒子でも相互作用しちゃうものがあるかもしれない。相互作用が出るのを待ち、その痕跡を拾えれば素粒子のしっぽをつかめるかもしれない。この一つが岐阜県の山奥にある素粒子観測装置「スーパーカミオカンデ」である。

あるいは、欧州にある加速器「LHC」のような装置で物質同士を光に近い速さでぶつけることで、ごく稀《まれ》にではあるが、そんな素粒子を作り出せるかもしれない。

もう一つの方法が、宇宙を観測することで、ダークマターの振る舞いに迫ろうという「鳥の目」の試みだ。

ダークマターは、宇宙が生まれた当初からそこかしこにあり、星や銀河ができるときにも影響を及ぼしてきたと考えられている。むしろ、目に見えている物質による重力だけでは、物質同士を十分に集めることができず、いまのようなたくさんの星や銀河は生まれなかったとされる。東京大学カブリ数物連携宇宙研究機構（ＩＰＭＵ）の村山斉《むらやまひとし》・特別教授によると、「ダークマターは星や私たちのお母さん」だという（第５章参照）。

たとえば、銀河の中にある星は、ダークマターがある場合とない場合とでは動きや位置が変わってくる。だから、その星が大昔に銀河のどこにあり、どんな経路をたどっていまの位置に移動したのかを一つひとつ丹念に調べれば、ダークマターが銀河のどのへんにどれくらい集まっているのかを探ることができるらしい。

しかし、星の動きなんてどうやって調べればいいのだろう？

夜空を見上げても、昨日と今日の星の位置は変わらないし、去年と今年でも違うようには見えない。実際には少しずつ動いているとして、１００年前の星空と比べればちょっとは違うのかもしれないが、それを調べるのには途方もない時間がかかりそうだ。

そこで使われるのが、分光という観測方法だ。光が雨粒で屈折すると、光が七色に分かれて虹が見えるように、光は赤橙黄緑青藍紫のいろんな色が集まってできている。この外側にも肉眼では見えないが、波長が長い赤外線や、波長が短い紫外線がある。

目をつぶっていても、救急車のサイレンの音程を聞けば、救急車がいつ通り過ぎたのか分かるだろう。近づいてくる音の波長は短く、通り過ぎるときは長くなる。これをドップラー効果と言い、音だけでなく、光にも当てはまる。

だから、プリズムのような装置を使って、調べたい星からの光を波長ごとに「分光」すれば、その星までの距離や動きを知ることができる。

とはいえ、星からの光を分光するのはそれなりに手間で、これまでの観測装置では、多くても一度に数十くらいの星しか分光観測できないことが多かった。

しかし、すばる望遠鏡に取り付けられる新型の分光装置「PFS」は、一度に2000を超える天体を分光観測できる。単純な比較は難しいが、従来の100倍ほどの効率で星や銀河を観測できることになりそうだ。

広視野なすばる望遠鏡だからこそ実現できる、世界にも例を見ないシステムで、2024年ごろから5~6年かけて、私たちが住む天の川銀河と、隣のアンドロメダ銀河で計100万個の星を調べる予定だ。

このほか、きわめて遠くにある銀河300万個の距離を測り、宇宙がどんなふうに膨張してきたのかも調べる。光が1年かけて進む距離を1光年と言うように、宇宙において遠くを見ることは、過去を見ることに等しい。だから、遠くの銀河がどんな速度で移動していて、近くの銀河はどんな速度なのか、その中間ではどうかといった

「銀河の歴史」を調べれば、ダークマターがどのタイミングでどれくらい銀河に影響を及ぼしていたのかが逆算できる。

ビッグバンという大爆発で生まれた宇宙は、いまも光の速さでどんどん広がっている。しかし、これからも永遠に広がりつづけるのか、それともいつか膨張が遅くなって縮みはじめるのかはよく分かっていなかった。

答えはむしろ「宇宙の膨張はどんどん加速している」だった。2011年にノーベル物理学賞を受けたこの発見によって、宇宙がいつか縮みはじめるというストーリーはなくなったが、まだ、宇宙が未来永劫存在しつづけるのか、それとも膨張が速くなりすぎて空間まで引き裂かれてバラバラになるのかは結論が出ていない。

村山さんは「すばる望遠鏡とPFSの桁違いの分光能力により、宇宙の成り立ちと終わりの謎を解き明かせるかもしれない」と期待する。

すばる望遠鏡では、日本やアメリカ、フランス、ブラジルで開発されたPFSの組み立てと調整が続いている。一台4tもの巨大な分光器が4台。本格観測は2025年前半以降の予定だ。

化石から過去を探れるように、高齢の星には銀河の成り立ちが記録されている。こうして銀河の歴史を探る手法は銀河考古学と呼ばれる。

PFSの責任者である国立天文台ハワイ観測所の田村直之教授は「ダークマターが銀河のどこにどれくらい分布しているのか。宇宙はどのように膨張してきたのか。広大な宇宙地図をつくる計画もある。本格観測を目指して調整を進めたい」と意気込んだ。

前述のように私はハワイ行きの前、PFSとすばる望遠鏡の記事を田村教授らに取材して書き、2023年8月8日の朝日新聞の朝刊1、2面に載せた。

朝日新聞の1面トップになった近年の宇宙ネタは、小惑星探査機「はやぶさ2」が持ち帰った砂からアミノ酸が20種類以上見つかったことをスクープした2022年6月の記事（第3章参照）と、「ヒッグス粒子」の発見を報じた2012年7月の記事、重力波が初観測された2012年2月の記事、小惑星探査機「はやぶさ」がオーストラリア上空で燃え尽きる写真が載った2010年6月の記事（第3章参照）くらいしかない。

これらはいずれも2面までは展開していなかったので（ヒッグス粒子や重力波は3面や社会面へのコンティニューだった）、過去15年で最大の扱いだったと言っても過言ではない。もちろん、新聞の紙面はその日のニュースの多寡によって扱いがまったく変わるから、同列には比較できないのだが。

夏休み前のニュースが少なめの日にうまくはまったとはいえ、ノーベル賞を取ったヒッグス粒子や重力波のニュースよりも曲がりなりにも格上の扱いだ。

私が訪ねたとき、ハワイ観測所の廊下には、8月8日の朝日新聞の1面が飾られていた。

田村教授の部屋をノックして取材協力へのお礼を言うと、「こちらこそありがとうございました。1面でこんなに大きな記事になるとは思っていなくて」と大変感謝された。

「そんなそんな。大きな扱いだと驚かれましたか?」

「ええ、それはもう」

私は一呼吸置いて応じた。

「筆者の私もです」

第2章 宇宙部誕生

1000年前に見た満月

「この世をば　わが世とぞ思ふ　望月の　欠けたることも　なしと思へば」

藤原道長が詠んだあまりに有名なこの歌が、朝日新聞宇宙部が誕生するきっかけになった。

２０１８年10月６日、マウナケアからの特別ライブにも登場してくれた兵庫県明石市立天文科学館の井上毅館長が、ツイッター（現X）に次のような投稿をした。

> 話題提供）藤原道長の有名な句『この世をば わが世とぞ思ふ 望月の 欠けたることも なしと思へば』が詠まれたのは１０１８年10月16日（旧暦）。つまり今年は１０００年目！　旧暦16日の月は丸い形。調べてみると満月でした。今年の旧暦10月16日は11月23日。満月。道長気分？　で空を眺めてみてはいかがでしょう

11月23日の満月が、道長の「望月」からちょうど１０００年目の満月だというのだ。

私は投稿があった10月の1日付で、長く在籍していた科学医療部を離れ、デジタル編集部という部署に異動していた。デジタル編集部とは、朝日新聞社のウェブサイト「朝日新聞デジタル」を中心に、記事だけではなく、写真や動画といったデジタルコンテンツをもっと発信していこう！　という目的で作られた部署だ。

ご承知のように、新聞の発行部数は右肩下がりで、朝日新聞の発行部数もピークの800万部超からみるみる下がり、近年は毎年30万〜50万部という政令市の世帯数なみの部数を失っている。

だから、朝日新聞としては、なんとか紙以外のところでも収益をあげていかなければいけない。その試みの一つがデジタルで、特に、これまで新聞社がそれほど力を入れてきていなかった動画コンテンツに期待がかかっていた。

動画の撮影や編集ができそうな記者がデジタル編集部に集められ、テレビ朝日出身のデスクのもとで、朝日新聞YouTube向けの動画を制作することになった。とはいえ、そこはしょせん素人集団である。動画編集ソフト「プレミアプロ」はとりあえず使えるようにはなったものの、一ヵ月ほどやってみて分かったことは、「動画の編集はめちゃくちゃ手間と時間がかかる」ということだった。

ネタ探しも難しい。YouTubeなんだからおもしろおかしい動画でないと見てもらえないのは分かっているのだが、朝日新聞の公式チャンネルということで、羽目を外すにも限界がある。おのずと、記事の内容を解説してお茶を濁すといった動画が続くようになっていた。

なんとか面倒な編集をせずに動画を仕上げたい。メンバーはみな、一週間に1本のノルマを課されて、簡単なネタを渇望していた。その回答の一つがライブだった。ライブはいい。なにしろ編集しなくていい。撮影が終わるや否や、配信も終了しているのである。

1000年目の望月をYouTubeでライブ配信してみたらどうかと思いついたのは、そんな不純な動機もあった。

しかし、ライブ配信をするにはどんな機材や準備が必要なのだろう。技術に明るいメンバーに聞いたところ、意外にも、カメラからパソコンに映像を取り込みさえできれば可能らしい。

私はもともと天体観測が趣味で、望遠鏡もカメラも持っていたから、あとはカメラの映像をパソコンに入力するキャプチャーカードさえあればいいようだ。

さっそく私は渋谷の家電量販店に行き、キャプチャーカードとケーブルを買ってきた。これをノートパソコンにつなぎ、動画配信用のソフトを立ち上げると、カメラが撮影した映像が見事にディスプレーに表示された。

いけそうじゃないか。

テスト配信を何度かしてみて、YouTubeライブの配信開始と停止の手順も分かってきた。

これで11月23日の月の出から3時間くらいライブ配信をすればいっちょ上がりだ。とはいえ、なにしろはじめてなので、何があるか分からない。最後まで滞りなく配信できればいいが、いきなり朝日新聞の公式チャンネルでライブするのはチャレンジングすぎる。相談の結果、とりあえず私の個人YouTubeチャンネルで配信を始め、大丈夫そうなら朝日新聞デジタルのニュースサイトにそのライブ映像を埋め込もうということになった。

11月23日夕。空は幸いにもよく晴れわたった。

1000年前の天気はどうだったのか。いまとなっては知りようもないが、道長が人生のピークをあれほどダイナミックに喩えていることから、雲一つない夜空にまぶしいほどの満月が浮かんでいたのではないか。

初ライブ配信、成功

私は、マンションの外階段を最上階まで上がり、空が見える踊り場に望遠鏡を設置した。カメラも取り付けて東の空に向けていると、午後5時ごろ、遠くのビルとビルの間から黄色い満月が姿を見せた。低空にたなびく雲が、月の手前をゆっくりと通り過ぎていく。

まず月の出の写真を撮って東京本社に送り、待ち構えていたデスクに連絡して、あらかじめ書いておいた記事を配信するゴーサインを出した。

この世をば…道長が詠んだ満月、1千年後の今宵も夜空に

平安時代の貴族、藤原道長（966～1027）が「この世をばわが世とぞ思ふ望月《もちづき》の欠けたることもなしと思へば」と詠んでからちょうど1千年後の満月が23日夕、昇った。栄華を極めた藤原氏の時代は移り変わったが、望月はなお欠けることなく地上を照らし続けている。

「道長から1000年目」の満月

平安の貴族・藤原実資《さねすけ》の日記「小右記《しょうゆうき》」や道長自身の日記によると、道長はこの歌を寛仁2(1018)年10月16日に詠んだ。兵庫県の明石市立天文科学館の井上毅《たけし》館長が調べると、この日は確かに満月だったという。今年の旧暦10月16日は11月23日だ。

東京都港区では23日午後5時ごろ、高層ビルの上に大きな満月が姿を見せた。

(東山正宜)

続いて、YouTubeライブの配信もスタートした。雲間に浮かぶ満月の映像が、全世界に配信されていく。視聴者数はみるみる増えた。

2018年当時、YouTubeのライブ配信はまだ珍しく、特に天文系の配信はほとんどなかった。さきほど配信した朝日新聞デジタルの記事にライブ映像が張り付けられると、視聴はさらに増え、同時視聴者は1000人を超えた。

「いいぞ。もっといろんな写真を撮って送ってくれ」

デスクが興奮して電話をかけてくる。記事のページビュー（PV）もうなぎ上りらしい。

この指示に正直、「めんどくせー」と思ったことを告白しなければならない。なにしろ寒空の下、マンションの外階段で風に吹かれながらのワンオペなのである。月が望遠鏡の視野からずれていくのを修正したり、カメラやパソコンのバッテリーの残りを気にしたり、安定しない通信回線にドキドキしたりしているのだ。

とはいえ、記事がよく読まれているのは大変いいことだ。このビッグウェーブには乗るしかない。月のいろんな写真をせっせと撮り、何枚かを選んで送信することにした。

カメラからSDカードを抜いてノートパソコンに差し、写真を選んでキャプションを付け、一枚ずつ送信していく。朝日新聞の場合、記者は専用のソフトを使って記事や写真を送信している。パソコンの画面で、データの送信状況を示すバーが、なんともゆっくり動いていた。

その瞬間、ディスプレーが真っ黒になった。

どうやら高負荷でシャットダウンしたらしい。もちろん、ライブの配信も止まった。視聴者から見ると、YouTubeの画面に「データ読み込み中」の丸い矢印がくるくる回っている状態だ。

これはまずい。パソコンを再起動させないとどうにもならない。慌てて立ち上げ直そうとしたが、こういうときの時間は長く感じる。11月末だというのに、汗が噴き出すのが分かった。

ある程度経験を積んだいまなら、ライブを配信するパソコンは、記事を出稿するパソコンとは別に用意するだろう。さらに、ライブの状況を監視するタブレットも別に追加する。この3台分の仕事を、決して処理能力が高いとは言えない原稿執筆用の記者パソコンにさせていたのだ。

そりゃ止まるよね、まったく不思議じゃない、と、いまなら分かる。

スマートフォンの向こうでデスクが「どうしたあ!!」と叫んでいたが、いずれにしろ後の祭りである。

とはいえ、要領が分かってくるとライブも安定し、最終的には約6時間にわたって満月をライブ配信することができた。記事もよく読まれ、デスクも上機嫌で、今後に大きな可能性が示せた。

翌月の12月には、朝日新聞の公式YouTubeチャンネルで、三大流星群のふたご座流星群を配信。一晩で延べ26万PVの視聴があった。翌1月にも、やはり三大流星群のしぶんぎ座流星群と、3年ぶりの部分日食をライブ配信し、計約10万PVになった。

星空ライブの人気を決定づけたのは、2019年10月21日のオリオン座流星群のライブ配信だった。

オリオン座流星群は、三大流星群には劣るものの、それなりの数が流れる中堅の流星群だ。この夜は天気もよく、長野県の東京大学木曽観測所からのライブには10分に1個くらいのペースで流れ星が現れていた。

このころになると、流星群のライブ配信をするチャンネルは少しずつ増えていたが、本当に暗い夜空からの配信はほとんどなかった。そんななか、東京大学の協力を得て日本有数の望遠鏡がある天文台からライブ配信したことで、それまでほとんど星空を見上げたことがなかった人たちに、多くの流れ星をライブで届けることができた。

YouTubeを見ていたら流れ星ライブが「おすすめ」に出てきて、ちょっと覗いてみたら本当に流れ星が流れた。それは、多くの人にとって驚きの体験だったらしい。ライブの視聴者はみるみる増え、3000人を超え、5000人を上回り、ついに1万人に達した。

日本人は、流れ星を目の当たりにすると、願い事を3回唱える習性がある。

「カネカネカネ!!」

「カネカネカネカネーーー!!!」

「カネカネカネカネーーーーー!!!!!」

チャット欄はひどいことになった。

なにしろ同時視聴者数が1万人である。書き込みが多すぎて、チャット欄が読めない速さで流れていく。しかもそのほぼすべてが煩悩の塊だ。

当時は、チャットの書き込みをコントロールするノウハウもよく分かっていなかった。あまりのひどさにストレスがたまった常連さんたちの不満も爆発して、一時は収拾がつかない事態に陥った。

とはいえ、このオリオン座流星群ライブの視聴回数は、一晩で268万PVを記録した。チャンネル登録者数が数百万人いるような人気配信者でも、一日でこれほどのPVを出すのはかなり難しい。私はこのとき、星空ライブが多くの人に感動を与えられることを確信した。

木曽の巴御前

朝日新聞宇宙部が、東京大学木曽観測所から星空ライブの配信を始めたのは２０１９年４月のことだ。

木曽観測所は、「１０５㎝シュミット望遠鏡」を有し、１９７４年に観測を始めた国内最高峰の天文台の一つである。

シュミット望遠鏡というタイプの望遠鏡は、広い範囲を一気に撮影できるのが特徴。すばる望遠鏡の師匠というべき存在だ。実際、このシュミット望遠鏡とすばる望遠鏡はいまも共同研究をしたり、研究者が行き来したりしている。

家先生の解説にあったように、岡山天体物理観測所の１８８㎝望遠鏡はイギリス製だったが、日本はこのシュミット望遠鏡でついに大型望遠鏡の国産化に成功した。製造したのは日本光学工業（現ニコン）である。直径１０５㎝のレンズと反射鏡を

朝日新聞宇宙部が最初にライブカメラを設置させてもらった東京大学木曽観測所

組み合わせた複雑な構造で、望遠鏡というよりも巨大なカメラレンズに近い。

ただ、シュミット望遠鏡として世界有数とはいえ、完成したのはアメリカ・パロマー山天文台の48インチ（約120cm）シュミット望遠鏡から四半世紀遅れとあって、夜空を撮影し尽くす「スカイサーベイ」はとっくに終わっていた。

大きな科学成果を出せないまま45年が経過して老朽化。このまま引退かと思われたところに2019年、大きなチャンスが巡ってきた。私は当時、この新しい試みを記事にした。

引退間際だった望遠鏡、最新カメラで世界初の観測開始へ

長野県の山中で「余生」を送っていた東京大・木曽観測所の105㎝シュミット望遠鏡が2019年秋、世界初の「動画望遠鏡」として再デビューする。4月23日、望遠鏡に最新のカメラが取り付けられた。流れ星や超新星など、刻々と変化する天文現象を捉える計画だ。

木曽観測所のシュミット望遠鏡は1974年完成。夜空の広い範囲を撮影できるシュミット望遠鏡として世界第4位の大きさだったが、デジタル化への対応が難しく、近年は学生の教育に使われる程度だった。

転機は6年前。キヤノンが試作した超高感度センサーが持ち込まれたことだった。デジタルカメラを開発するための技術試しとして超高感度で動画を撮影できるセンサーを開発したものの、高感度すぎて使い道が見当たらなかったのだという。

東京大学附属天文学教育研究センターの酒向重行《さこうしげゆき》助教（当時）らがシュミット望遠鏡に取り付けてみると、パソコンの画面に、想像を超える動画が映し出された。

画面いっぱいにキラキラと光る星々や、その手前をゆっくりとなびいていく薄雲。突然、画面を流れ星が横切った。消えたあとには、煙のような流星痕が漂い、風に流されてゆっくりと夜空に溶け込んでいく。流れ星は、多いときには数秒に一度のペースで撮影できた。

結局、2晩のテストで2200個の流れ星が捉えられ、地球にどれくらいの数の流れ星が飛び込んで来ているのか、その明るさはそれぞれどれくらいなのかの貴重なデータが取れたという。

超高感度センサーは、流れ星だけでなく、無数の小惑星や人工衛星も捉えた。酒向さんらは目を見張った。

なにしろ、天文学はこれまで、数時間、数十時間といった長い時間をかけて画像を撮影するのが当たり前だった。きわめて暗い天体を観測するには、それだけ長い時間をかけてわずかな光を蓄積しなければいけないからだ。

こうした長時間の撮影だと、流れ星のような一瞬の天文現象を捉えることは難しい。しかし、最新鋭の超高感度センサーなら、刻一刻と変化するダイナミックな現象を映し出すことができる。「どれもこれも、これまでの長時間撮影では埋もれていた現象ばかり。静かでほとんど変化しないイメージとは本質的に異なる、躍動的な宇宙の姿が見え始めた」と語った。

チームは、市販デジタルカメラ向けに開発されたキヤノンのセンサーを84枚並べた1億9000万画素の巨大な超高感度カメラを開発。平家物語にも登場する木曽町ゆかりの女性武士「巴御前《ともえごぜん》」にちなんで「Tomo-e Gozen」と名付けた。広視野な木曽シュミット望遠鏡と組み合わせることで、夜空全体をわずか2時間で撮り尽くすことができる。逆に言えば、一晩に何度も同じ場所を撮影できるため、2時間の変化を見つけ出すことができる。その夜起こった突発的な天文現象をすべて捉えてしまおうという野心的な計画だ。

トモエゴゼンは2019年3月、直径8mほどの小惑星が月の軌道の内側を通って地球をかすめていったのを発見したり、地球に帰還した小惑星探査機「はやぶさ2」を撮影したり。X線天文衛星「ひとみ」が不自然に回転しているのを撮影し、通信途絶の原因が機体の故障によるものだという断定につなげたこともあった。

地球に近づく小惑星の多くが予想より早く回転していることや、遠い星で突発的な爆発現象が相次いでいることも発見しており、将来的には、近年観測が相次いでいる重力波の発生源の特定もできるかもしれない。

シュミット望遠鏡はもともと、ガラス乾板や30cm四方の巨大なフィルムを使って撮影するのを前提に設計されていたため、デジタルの時代になって、センサーは大きくても数cm四方という世界になると、売りだった広視野の撮影ができなくなり、無用の長物になっていた。

世界的にも引退が相次ぎ、いまでも現役なのは木曽観測所の105cmシュミット望遠鏡と、米カリフォルニア州のパロマー天文台にある48インチ（約120cm）望遠鏡くらいしかない。予算の選択と集中が叫ばれるなか、引退を待つばかりと思われた時期もあった。

酒向さんは「一時は研究者の足も遠ざかっていた望遠鏡が、トモエゴゼン計画で活気づいた。望遠鏡が引退するまでに、必ず大きな発見をさせてやりたい」と語った。

（東山正宜）

名古屋大学理学部物理学科Z研

ところで、私と酒向さんは大学時代からの知り合いである。

私が名古屋大学の2年生だったとき、天体研究会というサークルに新入生として入部してきたのが酒向さんだった。

天体研究会は、毎年春には100人以上の体験入部があるという規模の大きなサークルだった。必ずしも全員がせっせと天体を研究しているというわけではなく、惑星を肉眼で観察する派、変光星を研究する派、麻雀に明け暮れる派、パートナーができたら来なくなる派など様々だった。

私と酒向さんは天体写真を撮る一派に属していたが、ここでも細かなセクショナリズムがあり、私はカメラレンズを使って星座や風景をからめた「星景写真」をよく撮っていた一方、酒向さんは当時から小型のシュミット望遠鏡を使って緻密な撮影をしていた。ずいぶんシュミットが長い。

二人とも大学4年では、理学部物理学科で「もう後がない」と言われたZ研に所属した。名古屋大学の物理学科の研究室は、A研やC研、E研、U研などアルファベットの名前がついていて、それぞれAstronomyやCosmology、Universeなどそれっぽいのだが、Z研は研究室のウェブサイトにもZooとあってわけがわからない。

教授の佐藤修二さんは、日本の赤外線天文学に黎明期から携わり、すばる望遠鏡の開発にも尽力した経歴を持つものの、そのころは何が何でもという感じではなくなっていて、ノーベル賞を受けた小林誠、益川敏英《ますかわとしひで》の両先生を輩出したE研(素粒子論研究室）のような花形研究室ではないけれど、扱える範囲の望遠鏡を自分たちで手を動かして開発していこうという牧歌的な研究室だった。

私は、大学院は別の研究室に進み、酒向さんも東京大学の大学院に進学したから、いずれもZ研には1年しか在籍していなかったのだが、退官してしばらくたつ佐藤先生が2023年秋に木曽を訪ねたらしく（木曽観測所の近くにかつて京都大学の上松天体赤外線観測室という天文台があり、佐藤先生は大学院のころにここで研究していた）、案内をした酒向さんがその写真をフェイスブックに投稿していた。

佐藤先生は「酒向君の（トモエゴゼンの）活躍はー、いつも東山君の記事を読んで知っているよー」と2泊3日しゃべり倒して帰っていったらしい。天文業界に残って活躍している酒向さんはまだしも、私のことも覚えてくださっていたとは。大変恐縮した。

私は、名古屋大学太陽地球環境研究所というところで修士号を取り、博士課程にも1年半ほど首を突っ込んでから朝日新聞社に入った。

その後は酒向さんとはなかなか会う機会も少なかったものの、やりとりは続いていて、研究室でプレスリリースを出すときなどは案内があった。そんな過程でトモエゴゼンの計画を知って、それはおもしろいと2018年に木曽観測所を訪れて取材していた。

だから、私がデジタル編集部で星空ライブの可能性を確信しはじめたとき、木曽観測所からなら素晴らしい星空ライブをできるんじゃないかと考えたのは、きわめて自然な流れだったと思う。

流星群のピークのライブは、東京都内からですら数万PVになることが分かっていたから、流れ星がばんばん現れるような星空をライブすればすごいことになるに違いない。

打診してみると、木曽観測所に名古屋市科学館が全天カメラを設置した例があり、手続きは必要ではあるものの、ほかの機関が観測装置を置くことは不可能ではないという。なにより、木曽観測所としても、トモエゴゼンという世界最先端の観測を始めるにあたり、地元長野の星空の素晴らしさやシュミット望遠鏡のユニークさを国内外にPRできるいい機会だと、双方の思惑が一致した。

話はとんとん拍子で進み、配信に必要なカメラなどの機材は朝日新聞社側が用意し、電源とインターネット回線は木曽観測所が提供して、まずテスト配信をしてみることになった。

とはいえ、うまくいくかどうかは実際にやってみなければまったく分からない。防水ボックスに入れているものの、直射日光の当たる屋上に置いたカメラとレンズがどれくらい耐えられるのか。ライブ配信をしてもすぐに止まってしまうのではないかなど、起こりうるトラブルは山ほど想定できた。

こういう試みの場合、両者であらかじめ協定を結ぶのが理想的だが、場合によっては1ヵ月で撤退という可能性もあったので、とりあえずテスト配信をしてみて、しばらく続けてうまくいきそうなら正式に協定を結ぼうということになった。

2019年春。私があらためて木曽観測所に行き、カメラが入った防水ボックスを研究者が滞在する建屋の屋上に設置した。視界の真ん中には105cmシュミット望遠鏡のドームを入れた。

中継開始は4月24日。こと座流星群のピークを過ぎた直後だった。晴れればまだまだ流れ星が現れるはずだ。しかし、天気はあいにくの曇り。霧も出て、100mほど先の望遠鏡のドームもほとんど見えず、ノイズばかりが目立つ真っ暗な画面が配信された。

「なにこれ?」

「見えづらい」

「さっぱり分からん」

チャット欄には辛辣《しんらつ》なコメントが並んだ。

ようやく晴れたのは3日後だった。

その日は昼すぎから晴れ渡り、日が沈むと、画面いっぱいに星空が広がった。

「きれいですねー」

「いい景色」

その瞬間、流れ星が現れた。

「見えた」

「飛んだ！」

チャット欄は一転、好意的なコメントで溢れかえった。

毎日続けるうち、視聴者は少しずつ増えていった。

「明るい星はなんて名前？」「画面の上にある星の集まりはなに？」といった質問に常連の視聴者が答えてくれるようにもなった。

この年8月のペルセウス座流星群観測はあいにく天候に恵まれなかったが、オリオン座流星群はきれいに晴れ渡り、268万PVを達成したのは前述の通りだ。

ライブ配信が始まって1年もすると、木曽観測所からの星空ライブは、朝日新聞

ＹｏｕＴｕｂｅ全体の視聴回数の１割をたたき出す人気コンテンツになっていた。

配信も安定し、朝日新聞社と東京大学木曽観測所は２０２０年、正式に協定を交わすことになった。星空ライブが両者の公式な活動であることを確認し、撮影された映像は双方が著作権を有して利用できることを定めた。

協定上、このライブ配信はＣＭをつけないことにしたため、ライブがどれだけ視聴されても直接の収入があるわけではないが、見られるほどチャンネルが「おすすめ」に表示されやすくなる。星空ライブが、朝日新聞ＹｏｕＴｕｂｅの発展に大きく寄与するようになっていた。

待望の打診

木曽観測所からの星空ライブが始まった２０１９年４月、私は半年所属したデジタル編集部から再び科学医療部に戻り、デスクをすることになった。

デスクは、「１０００年目の望月」ライブの際に面倒くさい上司の役職で登場したが、編集局長補佐らの言いたい放題の意見に右往左往したり、記者の「そんな無理難題に応える必要ないっすよ！」といった憤りをなだめたりする、それはもう絵に描いたような中間管理職である。

恐らくすべての新聞社がそうだと思うが、記事はデスクの目を通らないと世に出せない。デスクは第一読者であり、記事の修正役であり、複数の記者がチームで取り組むような場合のとりまとめ役でもある。

ということで、いったんデスクになってしまうと、自分で取材したり、記事を書いたりすることは基本的になくなり、別の記者の記事の世話係に徹することになる。だから、取材がおもしろくて記者になったような人間からすると、中間管理職でもあるデスクは苦痛でしかない。

ただ、それなりのキャリアを積んだ筆者以外の記者がチェックした原稿しか掲載しないという方針は、メディアと個人ブログのもっとも大きな違いと言え、絶対に必要な役職であることも間違いない。私は、ある程度の年次になった記者がやらなければならないお勤めの一つと思っている。

もちろん、デスクといっても取材したり記事を書いたりしてはいけないわけではないのだが、デスクというだけあって、机の前に拘束されている時間が長く、おのずと遠出を伴う取材は難しい。木曽観測所にライブカメラを設置できたのは、個人的にもぎりぎりのタイミングだった。

国立天文台ハワイ観測所の天文学者、田中壱さんから「マウナケア山にも星空ライブカメラを設置することは可能でしょうか」と打診があったのは、木曽観測所での星空ライブが始まって1年が経った2020年夏のことだった。

当時、新型コロナウイルスの感染が世界に広がり、日本でも初春にクルーズ船内での感染拡大が確認されて大きな騒ぎになっていた。いまから思えばまだまだ序の口だったのだが、社会には緊張が広がりはじめていた。

特に、観光が大きなウエートを占めるハワイの影響は深刻だったらしい。国立天文台が広報活動の一環として開催していたすばる望遠鏡の見学ツアーも中止になった。研究現場を紹介できるツアー以外の方法がないか。模索していたとき、目にしたのが木曽観測所からの星空ライブだったという。

この打診は、私にとって待ちに待ったものだった。

星空ライブカメラを海外の天文台に設置してみたいという野望は、以前からあった。それが、すばる望遠鏡があるハワイのマウナケアや、世界最大の電波望遠鏡ALMA

がある南米チリのアタカマ砂漠、大西洋のスペイン領カナリア諸島といった世界有数の観測地なら最高だ。なにより、そんな場所からの星空ライブは私自身がぜひ見てみたい。

木曽観測所からの星空ライブは当初、夏場にカメラが高温になってシャットダウンする問題があり、その都度カメラをオンオフしないといけなかったが、冷却ファンで外気を取り入れたり、大きめの庇を付けたりした結果、少しずつ配信も安定してきていた。打診を受けたのは、「次」を考えられる余裕が出てきたタイミングでもあった。

田中さんとしばらくメールでやり取りし、1ヵ月ほどしてオンライン会議で実現可能かどうか話し合うことになった。

もともと木曽観測所での星空ライブは、私が手持ちの個人カメラを使って始めていたのだが、その後、朝日新聞社の映像報道部（いわゆる写真部）を通じてソニーマーケティングから高感度デジタル一眼カメラ「α7SⅡ」を借りられたので、このとき、私の手元には自分のα7SⅡが戻ってきていた。

田中さんからの打診があったとき、マウナケアにも星空カメラを設置することは私の中ではもう決まっていた。すぐにマウナケア向けの防水ボックスを作りはじめ、会議の議論は、マウナケアからの星空ライブをやるかやらないかではなく、システムが

田中壱さん（右）からのお声がけがなければ、マウナケア山頂ライブは実現しなかった

いつごろ完成し、いつごろそれをハワイに送って、取り付けはどうやればいいかという具体的な話し合いになった。
試作品は秋までに完成した。こうした機器を海外に送るのは関税などの手続きがあっていろいろ面倒だったのだが、冬までにハワイ観測所の田中さんのもとに到着させることができた。あとは山頂でのテストだ。
ところが、ここからの手続きがずいぶんややこしかった。
マウナケア山頂は、新しい機材や設備を設置することがきわめて厳しく管理されており、すばる望遠鏡の作業用の足場（キャットウォーク）にカメラボックスを取り付けることさえ、煩雑な手続きが必要になるのだという。

ここでは、国立天文台ハワイ観測所の広報情報マネージャーの中島將誉さんが大変骨を折ってくれた。山頂を管理しているハワイ大学などの統括組織に星空ライブの意義を説明し、膨大な資料を作ってくれたり、理事会のような場で説明してくれたり地道な手続きや調整を担ってくれたのだ。それでも許可が下りるまでには半年くらいかかった。

実は、この統括組織とは、私がハワイに出張したときにもバトルがあった。ほかの施設では考えられないのだが、マウナケア山頂で撮影や取材をするときには、取材先の組織（今回の場合は国立天文台）だけでなく、この統括組織にも申請をして許可を得ないといけない。2年ほど前にできた決まりのようで、申請書類を見る限り、山頂でCMの撮影をするような場合を想定した許可フォーマットに見えるのだが、報道の取材活動でもこの申請が必要なのだという。

申請書類は15ページくらいあって、めちゃくちゃ細かくて面倒だったのだが、まあしょうがないので提出した。ところが、ハワイへの渡航直前になって、統括組織の担当者から「書類が提出されていない」とメールが来たのだ。

私のメールボックスを見ても、確かに送信済みになっている。「1ヵ月前に送ってますけど?」と伝えると、いや、この書類の書き方がなってない、この部分が未記入だ、などと言いはじめた。

「あんたがメールを見落としてたんでしょ」と言いたくなったが、許認可権があるのは向こうのため、むげにもできない。あまりの難癖に、もしかしたら特別ライブは実現できないかも、というところまで追い込まれそうになったが、中島さんが「それはおかしいでしょ」と一つひとつ反論してくれた。なんという強力な交渉人ぶり。おかげで取材や特別ライブの許可も出て、私は無事ハワイに来ることができた。

ハワイでの星空ライブは、田中さんと中島さん抜きにはとても考えられない。

『科学朝日』を復活させる

中島さんが闘っている間、私も東京で交渉に追われていた。

木曽観測所からの星空ライブなどはこれまで、朝日新聞の公式YouTubeチャンネルで配信していたが、天文専用のチャンネルを独立させよう、つまり朝日新聞宇宙部を立ち上げようと画策していたのだ。

朝日新聞の公式YouTubeチャンネルは、あまりくだけたコンテンツは配信できないし、大きな流れ星が飛んだときなどに切り出し動画をすぐアップしようとしても、手続きをいろいろ踏まないといけなかったりしてなにかと動きづらい。

できることなら、私が管理人となって、これは！ と思うコンテンツを、独自の編集で、即座に、おもしろおかしく配信できるチャンネルを立ち上げたい。

もう一つは、いよいよお尻に火がついた朝日新聞社の台所事情が関係していた。新聞の販売部数だけでなく、このころには収益もますますひどいことになっていた。だいたいこういうときにはえらい人たちが各部署に何とかうまいアイデアを出せと号令するもので、その案に基づいてPDCAサイクル（Plan: 計画、Do: 実行、Check: 評価、Action: 改善）の仮説・検証型プロセスを回し、マネジメントの品質を高めようなどと言いがちである。

具体的には政治部や経済部、科学医療部などにそれぞれ、デジタルで何か始めることが求められた。

今回この本の出版を立案してくれた講談社の編集者・淺川継人さんは「天下の朝日新聞からPDCAサイクルなんて聞きたくなかった」とのけぞったが、天下もなにもびっくりするくらい行き当たりばったりな組織だと思います、朝日新聞社って。

ということで、科学医療部としても、なにかデジタルで視聴数を稼いだり、朝日新聞デジタルの会員登録者数を増やしたりできそうな案を出さないといけなくなったのだが、だいたい追い詰められた組織からはろくなアイデアが出ないもので、「みんなでがんばって原稿の出稿本数を３倍にしたら、読まれる記事の確率も高まるのではないか」などという、「欲しがりません勝つまでは」もびっくりな意見が出るまでにいたり、このままではインパール作戦並みに勝機のない戦いを強《し》いられると深い危機感を感じていた。

とはいえ、えらい人も本気でＰＤＣＡを回そうと思っているわけではないのである。重要なのはＰであって、とにかく「うちの部は※※※始めました」と宣言してしまえば、あたかも会社の方針にコミットしているように見える。※※※が冷やし中華だとさすがに厳しいが、とにかくなにかデジタルコンテンツならごまかしがきくに違いない。

私は「科学医療部のＹｏｕＴｕｂｅチャンネルを立ち上げるというのはどうでしょうか。幸い、木曽観測所からの星空ライブがかなりの視聴者数を上げていて、今春にはハワイからのライブも始まりますから、会員登録者数は見込めそうです。収益化は将来の課題としても、研究者へのインタビューや解説動画なんかを配信したら面白いのでは」と提案してみると、ノリのいい西山公隆部長（当時）は「いいねえ」と応じてくれた。

社内では一足先に文化部が「囲碁将棋TV」を立ち上げており、手続きもそれに倣えば作れるはずだ。

実はこのときは、天文と宇宙の専門チャンネルにするつもりはなく、むしろ科学チャンネルにしようとしていた。

かつて『科学朝日』という雑誌があった。科学技術の最先端についてマニアックに掘り下げてコアな読者を獲得していたが、部数が減って休刊（事実上の廃刊）の危機に陥った。名前を『サイアス（サイエンス朝日という意味）』に変えてイメージチェンジを図ったものの、残念ながら2000年12月号で休刊に追い込まれた。休刊にあたっては、著名人や名のある研究者がこぞって継続を求める意見を表明したという。

最終号には、のちにノーベル賞を受ける本庶《ほんじょ》佑《たすく》さんや小林誠さん、益川敏英さんら、錚々たるメンバーが意見を載せていた。そのなかに、櫻井よしこさんの名前もある。「考えるきっかけを与え、科学する心を育てさせるためにも『サイアス』を廃刊しないで頂きたい。知の力によってのみ、考える力によってのみ、日本の21世紀のよみがえりが可能になります」と、ずいぶん朝日新聞を応援してくれている。確かに、当時はいまよりリベラルなポジションだったよなぁと、四半世紀の長さを感じた。

ということなので、この『サイアス』がYouTubeで復活したということにすれば、かつての読者も取り込めるかもしれない。当時の企画をあらためて動画でやるならネタも尽きないだろう。私は古本を買って研究を始めた。

もう一つ、科学医療部から私と入れ替わりでデジタル編集部に異動した小坪遊《こつぼゆう》記者を取り込もうという算段もあった。

小坪記者は日本を代表する生き物記者だ。将来は朝日新聞の環境報道を背負って立つであろうエース候補である。YouTubeを立ち上げるなら定期的に動画をアップしないといけないが、編集はかなり大変なので、もう一人くらい生け贄が欲しい。

そんなことを考えながら、当時、朝日新聞YouTubeを取り仕切っていた担当デスクの松村愛さんに、宇宙部独立のお伺いを立てに行った。なにしろ、朝日新聞YouTubeの1割のPVを叩き出しているコンテンツを独立させようというのだ。トップの了解を得ておかないわけにはいかない。

計画について説明すると、松村さんはしばらく考えて、こう言った。

「独立させるのはまあいいけど、科学チャンネルにするのは反対。対象がぼやけると視聴者には刺さらない。こっちだって貴重なPVを失うんだから、必ず成功してもらわないと。あなたがチャンネルを立ち上げるんなら、科学ではなく、宇宙・天文チャンネルにしなさい」

いまから考えても、この助言は先見の明があったと思う。

YouTubeなんて専門的で尖っているほどいいに決まっていると、いまから思えば当たり前に見えるが、言われてみないと確かに分からなかった。

松村さんはもともと政治部の記者で、その後、朝日新聞デジタル全体を統括する事業センターのセンター長代理を務め、2023年からは私が所属しているデジタル企画報道部の部長として直属の上司になった。確かにあの助言がなかったら、朝日新聞宇宙部は誕生していなかったかもしれない。ヨイショし過ぎかもしれないけど。

朝日新聞宇宙部の名称は、YouTubeなのでウーチュー部というダジャレから思いついた。いい歳のおっさんだから、我ながらいいアイデアだと思った。

とはいえ、チャンネルの表示名は途中から「Asahi Astro LIVE」に変えた。海外からの視聴者が増えてきたためで、「ウチューブッテ、ドーユーイミデスカー？」と聞かれてダジャレですとは説明できないからである。

こうして、朝日新聞社内に新しい部ができた。取締役会の承認は得ていないので、表向きの組織図には載っていないが、形としてはこうなる。

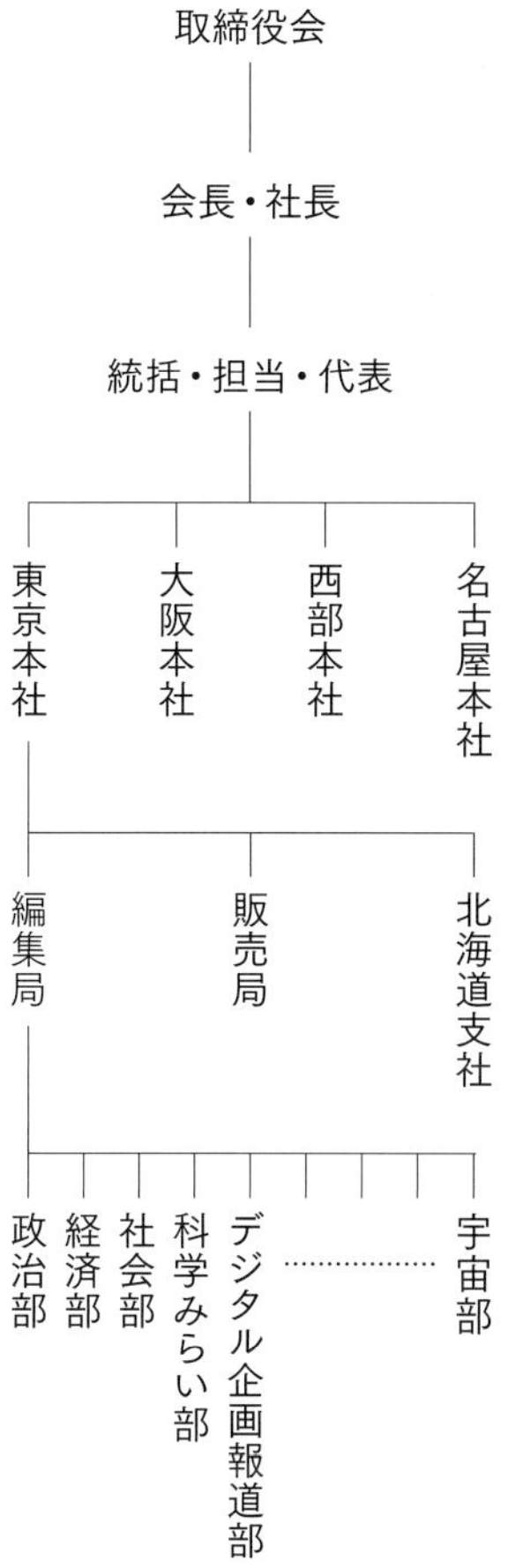

部といっても、部長がいるわけではない。私はあくまで宇宙部の管理人である。部長などと名乗って、「東山は部長への野心があるようだ」などと疑われてはたまらないのだ。

すばる望遠鏡の頭上にかかる天の川。
右下の光は自動車のヘッドライト、左上はケック望遠鏡が放つレーザー

レーザーで大気の揺らぎを確認し、リアルタイムで補正することで、
精度の高い観測データを得る

筆者のライフワーク「都会の星」シリーズ。
「比較明」という手法を用いることで夜の都心と星の動きを
一枚に収めることに成功した

第3章 星を撮るキャパ

アナレンマ写真の衝撃

私は朝日新聞記者として、宇宙飛行士の若田光一さんや野口聡一さんの国際宇宙ステーション（ＩＳＳ）長期滞在、小惑星探査機「はやぶさ」の帰還などを取材してきた。

特に、オーストラリアの上空で燃え尽きるはやぶさを写した写真が1面トップに掲載されたり、東京写真記者協会の特別賞に選ばれたりしたため、「あー、はやぶさ帰還の写真の」と言ってもらえることが多く、とても楽をさせてもらっている。

天文好きになったきっかけは１９８６年、小学5年生のときだった。

76年ぶりにハレー彗星が接近。日本の探査機「すいせい」など、日米欧ソの探査機群が打ち上げられた。特に欧州の探査機「ジオット」は、彗星の核まで５９６㎞のところまで近づいた。この様子は世界に中継され、まさに最接近という瞬間に通信が途切れ、どうなってしまったんだ！　とドキドキしたのを覚えている（通信はその後、回復した)。

たまたまなのだが、5、6年の担任だった樽本導和先生が星好きで、小学校の屋上に自らの反射望遠鏡を持ち込んで観望会を開いてくれた。

ハレー彗星のこのときの最接近は北半球では条件が悪く、期待に胸を膨らませて覗いた接眼レンズの向こうには、ぼうっとした光のかたまりがあるだけで、ひいき目に見てもショボかった。

それでも、私が宇宙に魅せられるのには十分だった。

当時、高松市民文化センター(建て替えられていまは高松市こども未来館)のプラネタリウムで毎年、高校生までを対象にした天体写真展が開かれていた。

父親のニコンを借り、6年生のときに南天と北天の星の動きを撮った写真が入選したことで、天体写真にハマった。授賞式でセンターを訪れると、歴代の最優秀作品が展示されている。その中に、アナレンマの写真があった。

アナレンマとは、太陽が1年かけて描く8の字のことだ。

太陽の高度は夏高く、冬は低い。

毎日正午きっかりに撮影すると、上下だけでなく、実は左右にも少しずつずれて、8の字を描くように動く。これは地球が太陽の周りを楕円軌道で回りつつ、斜めに傾いた状態で自転しているためだ。

撮影はなかなか難しい。

なにしろ、1年間を通して、たとえば2週間ごとや1ヵ月ごとなど同じ間隔でまったく同じ時刻に、同じ位置から撮影しつづけないといけない。

高松市民文化センターのプラネタリウム解説員だった宇川弘文さんによると、展示されていたアナレンマを撮影した高校生は、フィルムが劣化しないようにカメラごと冷蔵庫に保管しながら、毎月取り出しては、同じ位置に設置して多重露光したのだという。

撮影間隔を同じにするため、撮影日はあらかじめ正確に決めておくが、その日が晴れるとは限らない。地中海性気候に似ている瀬戸内海式気候で晴天率が高いことで知られる香川県でも、梅雨の季節の晴天率はもちろん厳しい。天気予報を見ながら、予定日より前に撮影したり、ちょっと曇っていても無理やり撮影したりといった判断があったという。

これがデジタルカメラだったら毎日とりあえず撮影しておいて、あとから等間隔になるように日付を好きに選んで多重露光できるが、フィルムはやり直しがきかない。想像を絶するような緊張感の一年だったろうと想像する。実際、そのアナレンマは、

6月だけ薄曇りを通しての、少しソフトな太陽になっていた。

私はこのアナレンマの写真に強い衝撃を受けた。いつか自分も、こんな作品を撮りたいと心に刻んだ。

一方、このコンテストでは、赤緑青のフィルターを使って白黒フィルムで火星を撮影し、あとからカラー合成して高感度でなめらかな結果を得るというプロのような手法で火星を撮影した写真が最優秀賞に選ばれるなど、妙にレベルが高かった。私は結局、高校3年生までに優秀賞が最高で、最優秀賞は取れずじまいだった。

当時は「高校生にもなるとみんなすごいもんだ」と思っていたが、このカラー合成の火星写真を撮った馬場隆信さんは、いまでは天文雑誌で解説記事を書いたり、カメラショーで講演をしたりしているので、やはりちょっと高校生級を超えたコンテストだったと思う。

高松市民文化センターは2012年3月11日に閉館したが、その1ヵ月ほど前に地元紙の四国新聞が1面のコラム「一日一言」でプラネタリウムを取り上げていた。香川に住む父が送ってくれた紙面にはこうあった。

3月11日で39年の歴史に幕を下ろす高松市の市民文化センター。インターネットがない時代、少年少女にとって、ここは知的好奇心をくすぐる刺激にあふれていた。プラネタリウムが映し出す天体の神秘に心躍らせた日々が懐かしい。開館と同時に創設された天体写真展も回を重ねて40回。児童生徒対象の写真展がこんなに続いたのは全国的にも珍しく、応募者も親から子へ引き継がれていった。（中略）

開館初期からプラネタリウムの解説を担当してきたのが宇川弘文さん(69)。「写真展の常連さんで報道カメラマンになった人がいてね、小惑星探査機『はやぶさ』が地球に戻って来たときの写真を撮ったんですよ」とうれしそうに話してくれた。

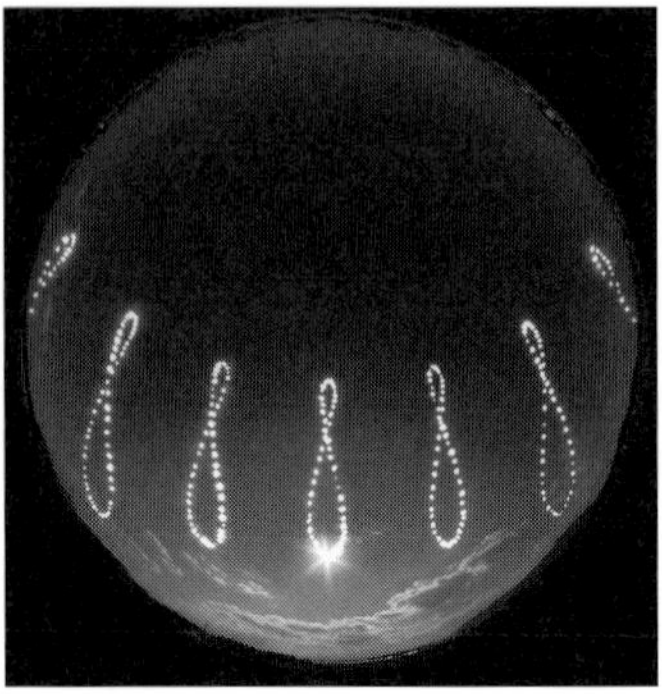

私がアナレンマを撮ったのは、２００９年になってからだった。デジタルカメラの技術を駆使し、恐らく世界ではじめてであろう、全天写真に午前6時から午後6時まで2時間ごとの七つの8の時を写した（上写真）。この写真は長く、東京書籍の高校生向けの副読本『科学と人間生活』に採用されている。私の写真も、かつての私のような高校生をドキドキさせられて

いるだろうか。

先輩は「ブラック星博士」

高校を卒業後、私は1年浪人して名古屋大学に入学した。

天文サークルの天体研究会で一つ下だったのが東京大学木曽観測所の酒向重之さんだったのは先に書いたが、そのときに大学院生だったのが、のちに明石市立天文科学館の館長になる井上毅さんだった。井上さんとは当時、数え切れないくらいの夜を徹して麻雀を打った。

井上さんは大学院を修了して、愛知県旭町（現豊田市）の旭高原元気村という牧場と天文台がある宿泊施設に就職し、星の解説員をしたり、焼きそばを出したり、牧場の動物の世話をしたりしていた。

井上さんが久しぶりにサークル室を訪れ、説明してくれたところでは、オスの馬はキンタマがついたままだと気性が荒いため、去勢するとしたものらしい。

その場合、施術者は、馬の意識を首に集中させておいてから、後ろからペンチのような器具でバチンと切り落とすのだという。

タマは珍味で、こりこりした食感らしいが、その場で聞いていた面々が思わずみな前屈みになったのは言うまでもない。

井上さんはその後、出身地である兵庫県の明石市立天文科学館に移った。明石市立天文科学館は、東経135度の日本標準時の子午線上に建つ科学館だ。

ここで、「軌道星隊シゴセンジャー」というイメージキャラクターが生まれ、井上さんは敵役「ブラック星博士」の中の人マネージャーとして大活躍することになる。

ブラック星博士は、ダークサイドのマッドサイエンティストだ。正確に守られるべき大切な時間を、寒いダジャレでめちゃめちゃにしてしまおうと画策する。

「ふたご座の二人がケンカをすると何座になる？」

「いざこ座じゃー」

私が生解説を見たときは、日が沈んでだんだん暗くなっていくドームに突然、元祖天才バカボンのテーマ曲が流れ、沈んだばかりの太陽が西から昇ってきた。

天文教育施設たるプラネタリウムで「♪西から昇ったおひさまが」をやってのけるとは。想像の斜め上すぎる。

おもしろ解説だけではない。井上さんは、ガリレオ・ガリレイが望遠鏡で天体観測してから400年となるのを記念してユネスコなどが定めた2009年の世界天文年で、日本の運営委員を国立天文台の研究者らと務めたり、時の記念日制定100周年の展覧会を国立科学博物館と主催したり、プラネタリウム100周年記念事業の実行委員長になったりと、多くの重要な仕事でも中心的な役割を果たしている。

いまの日本で、天文学のプロとアマチュアの橋渡しとなる最重要人物の一人と言える。

ところで名古屋大学の理学部や工学部は、2年生に上がるタイミングで学科分けがある。ここで毎年悲劇がある。

理学部には、物理学科と化学科、数学科（現数理学科）、生命理学科、地球惑星科学科があるのだが、そもそも入学者の8割くらいは物理学科に行きたくて理学部を選んでいる。しかし、物理学科の定員は理学部全体の3割くらいしかなく、つまり、入学者の半分以上は希望の学科に進めない。このため、2年生になった瞬間にモチベーションを失ってしまう大学生が大量発生する。

工学部はもっと怖い。誤解を恐れずに言えば、工学部の入学生の99％（推定）は機械・航空宇宙工学科に入りたくて入学してくる。みんなロケットか飛行機を飛ばしたくて仕方がないのだ。にもかかわらず、機械・航空宇宙工学科の定員はきわめて少ない。その結果、工学部の2年生はほぼ全員が希望する学科に入れず、春からやる気をなくす。授業へのモチベーションを失い、単位を取れず、3年生に進学できなくなる。結果的に、2度目、3度目の2年生を繰り返す者が続出する。

そんなわけで、入学したときは先輩だったのに、気がついたら後輩になっていたという人が何人もいた。

理学部の物理学科に入ることはそこまで厳しくないものの、必修単位が取れていないとほぼアウトである。特に、月曜1限目の体育はトラップというほかない。何人もの同級生が朝、起きられず、授業に間に合わず、無残に散っていった。

私は、徹夜麻雀明けでハッと目が覚めたとき、枕元の時計の針が6時ごろを指しており、窓の外が薄暗かったとしても、それが午前6時か午後6時かで悩んだことはないくらい自分がダメ人間であるとの自覚があったので（午後6時に決まっている）、1年生で体育と、やはり必修単位のドイツ語を落としたら、4年間で大学を卒業することは間違いなく不可能であろうと入学当初から確信できていた。

そのため、月曜の朝だけは早起きして体育に出席したし、イッヒ・リーベ・ディッヒも覚えたことで無事、2年生では物理学科に入ることができた。

何より、1年生で習う解析力学と電磁気学は目が覚めるような面白さだった。ニュートン先生やガウス先生は本当にすごい。物理学って楽しーい。

ところが、3年生になって量子力学と相対性理論が現れると、物理学は急速に理解が難しいものとなっていく。4年生での研究室配属は、3年までの成績がものを言うので、これらのテスト結果が大変重要なのだが、どうにも私は水素原子のふるまいと心を通わせることが苦手だった。まあ、実際このあたりが、昔ながらの物理学と現代物理学の深い深い谷で、ここを飛び越えられるかどうかは物理学徒への大きなふるまいの一つだと思う。

とはいえ、「量子力学基礎」の単位は、取れなければ卒業できない必修科目である。担当は、小林・益川の両先生もいたE研の鬼、三田《さんだ》一郎教授だ。クリスチャンながら、単位に対しては情けも容赦もないと評判である。

テストは大問が四つの計12点満点で、6点以上が可、良、優で、5点以下は不可だった。成績発表の日、私は、教授室前のロッカーに積み上げられた解答用紙の山から自分の解答用紙を探し出し、5点だということを確認した。つまり不可である。

このままでは4年生で再履修しないといけない。かなりまずい。

それにしても、いろいろ書き込んでいる第3、第4問目がゼロ点とは血も涙もない。

ちょっとくらい部分点をくれてもいいじゃないか！　と、教授室に怒鳴り込んだ憐れみを頂戴しに行った。

ドアをノックして開けると、同級生二人が同じことを考えてすでに交渉しており、三田教授は3人目が現れたことに明らかにゲンナリしていた。「もういい。そのテストをすべて解いて、リポートとして提出すれば酌量《しゃくりょう》する」という。素晴らしい。首の皮がつながった。

おかげで私は無事、量子力学基礎の単位を取れたのだが、このテストで同級生のT君は普通に12点満点を取っていた。こりゃ一生勝てねえわ。それまでちょっとは物理や数学ができるつもりでいたが、とても太刀打ちできそうにない。

T君のような秀才は日本に何人いるのか。名古屋大学だけでなく東京大学や京都大学も含めると、同学年だけでも10人か20人はいそうだ。にもかかわらず、そのなかで将来的に物理学で飯を食っていけるのは何人だろう。T君ですら研究者としてやっていけるか分からないのに、オレごときではどうにもならんな、というのがこのころ、心底身に沁みた。

ということで、私は4年生で研究室配属される前にはもう、研究者になる道は諦めつつあったのだが、とはいえ物理学を学んだ以上、修士号は欲しい。なんとか転がり込んだのが、電波で太陽風を観測していた太陽地球環境研究所というところの研究室で、私はそこで新しく建設しようとしていた電波望遠鏡の設計と性能評価をああでもないこうでもないと検討した論文で修士号を取った。

写真記者になりたい

大学院生にとって、「就職はどうするかなあ」というのは、心の底に常に沈殿《ちんでん》している澱《おり》のような悩みであろう。

物理学科の研究室には、工学部のような企業とのパイプがあるわけではない。いまはどうか分からないが、就職の支援もそれほどなかった。博士課程に進んだりしたらさらに年齢を重ねるわけで、悩みはさらに深い。就職先はだいたい学校の先生かシステムエンジニア、と相場が決まっていた。

悩みながらも私は相変わらず写真が趣味で、大学では天体研究会だけでなく、写真部にも入ってせっせと写真を撮っていた。戦場写真家のロバート・キャパへのあこがれから、報道写真にも興味があった。

大学1年の冬、1995年1月に発生した阪神・淡路大震災は名古屋のアパートでも震度4くらいの揺れがあった。期末テストが終わると、いても立ってもいられず、電車を乗り継いで神戸市の東灘区まで行った。ボランティアと称して被災地に入ったのだが、詰まるところ、大都市を襲った直下型地震の現場を見ておきたかったのだと思う。

倒壊して焼け焦げたビルと、家族を失ったのであろう泣き崩れる人の姿にショックを受けた。東灘区の公園にできた避難所でちょっとした手伝いをして罪悪感をすすぎ、子どもたちのボール遊びの相手をしてその笑顔に心を救われた。

一応カメラを持って行きはしたが、ほとんどシャッターは切れず、結局、何本か撮影したフィルムも発表せずじまいだった。

たまたまその公園に、新聞社の写真記者が何人かいて、その一人が朝日新聞の松本敏之さんだった。松本さんはもともとフランスの通信社にいて、1983年にフィリピンのベニグノ・アキノ元上院議員がマニラ空港で暗殺されたとき、飛行機の機内からスクープ写真を撮ったという経歴の持ち主だ。

松本さんは当時、朝日新聞で写真記者をしつつ、『月刊カメラマン』という写真雑誌で報道の現場を紹介する連載をしていて、私もよく読んでいた。

思わず声をかけた。

名古屋から駆けつけてはみたものの、ボランティアというのは名目だし、かといってシャッターを押すこともできない——。

心情を吐露《とろ》すると、松本さんは「それはもう、報道のプロになるしかないね」と言った。

そんなことがあったことは、名古屋に戻って2年生が始まり、大学生活を送っているうちに、すっかり忘れてしまうのだが、大学院で就職に悩んでいたとき、突然に思い出した。

だいたい、就職活動では、自分が何者なのか、自分は何を目指して、どうやって生きていけばいいのか、思い悩むものである。誰かが指針を示してくれるわけではなく、どこかに羅針盤があるわけでもない。

カメラだけ抱えて中東で戦場カメラマンを始めても、死ぬ確率のほうが高そうだなあ、などと布団にくるまって見えない未来に震えていた修士1年の1月、午前2時ごろに突然、本当に天啓のように「いいことを思いついた！」と思った。

「新聞社の写真記者なら、サラリーマンをしながら写真で飯が食えるじゃないか！」

マスコミは3K（きつい、汚い、危険）だから、希望したらすぐ入れるに違いない。さっそく応募資料を取り寄せて、順番にエントリーシートを送った。

当時は全国紙が3〜4月に筆記試験、5月に面接、6月に内定といったスケジュールだった。

もっとも早かった日本経済新聞の筆記試験が3月、千葉市の幕張メッセであった。そこではじめて、建物の奥が霞むくらい広い会場が大学生で溢れているのを見て、「マスコミって、もしかして人気職種？」と知った。アホである。3Kなのは間違ってなかったけど。

なにしろ、思いついてから2ヵ月しか経っていないので、対策なんてまったくやってないに等しい。おかげで筆記試験で落ちまくるのだが、共同通信だけは筆記を通過することができた。

二次試験は、東京・赤坂の在日アメリカ大使館の横にあった当時の本社で開かれた。カメラを持ってくるように言われ、実技のお題は「ターミナル」。3時間で撮ってきて発表せよという。面白ーい、と思った。

ターミナルは「終着点」のほか、「終末の」といった意味もあるのだが、田舎者にとっては東京駅しか思いつかなかったので、大急ぎで東京駅まで行き、改札を通る母娘が

郵便はがき

料金受取人払郵便

小石川局承認

1162

差出有効期間
2026年9月9日
まで

112-8731

東京都文京区音羽二丁目
十二番二十一号

講談社
第一事業本部企画部
ノンフィクション
編集チーム　行

★この本についてお気づきの点、ご感想などをお教え下さい。
(このハガキに記述していただく内容には、住所、氏名、年齢などの個人情報が含まれています。個人情報保護の観点から、ハガキは通常当出版部内のみで読ませていただきますが、この本の著者に回送することを許諾される場合は下記「許諾する」の欄を丸で囲んで下さい。

このハガキを著者に回送することを　許諾する　・　許諾しない)

TY 000077-2406

愛読者カード

今後の出版企画の参考にいたしたく存じます。ご記入のうえご投函ください（2026 年 9 月 9 日までは切手不要です）。

お買い上げいただいた書籍の題名

a　ご住所　　〒□□□-□□□□

b　お名前《ふりがな》

c　年齢（　　　）歳

d　性別　1 男性 2 女性

e　ご職業（複数可）　1 学生　2 教職員　3 公務員　4 会社員（事務系）　5 会社員（技術系）　6 エンジニア　7 会社役員　8 団体職員　9 団体役員　10 会社オーナー　11研究職　12 フリーランス　13 サービス業　14商工業　15自営業　16農林漁業　17主婦　18家事手伝い　19ボランティア　20 無職　21その他（　　　）

f　いつもご覧になるテレビ番組、ウェブサイト、ＳＮＳをお教えください。いくつでも。

g　最近おもしろかった本の書名をお教えください。いくつでも。

駅員さんに手を振っているかわいらしい写真を撮った（思えば1999年はまだ、東京駅でも駅員さんが改札ばさみで切符を切っていた）。

いい写真だった。通過した。

その後、あれよあれよという間に最終試験までこぎ着けた。残っていた5人から「若干名」が採用される。5人のうち一人は地方テレビ局の現役カメラマンで、残る4人は私も含めて新卒だった。何となく、テレビ局カメラマン氏は通るんだろうなあという雰囲気があった。なので、もう一枠に入れるかどうかが勝負になる。

最終試験は、健康診断と役員面接だという。当日の朝、私たちが待合室で待っていると、テレビ局カメラマン氏だけがなかなか姿を現さなかった。そろそろ開始時間になっちゃうけど、大丈夫かなあ。4人がそわそわしはじめたころ、テレビ局カメラマン氏が、我々が上がってきたエレベーター「じゃないほう」の廊下から待合室に入ってきた。

その刹那、採用担当者が「では役員面接を始めますので、みなさんこちらへ」と促す。私が思わず「健康診断が先じゃなかったでしたっけ？」と聞くと、担当者は「健康診断はなくなりました」と言った。

私はすべてを察した。

「こりゃ一人だけ健康診断を受けてきやがったな」

我々より一足先に来て健康診断を受け、診察室がある側から待合室に入ってきたに違いない。出来レースである。こんな茶番に東京まで呼びつけるなよ、と思った。

その後の役員面接で何をしゃべったのかまったく覚えていないが、案の定、不採用の通知が来た。いまから思えば、役員たちに「失礼きわまりない。これが共同通信のやり方か」と怒りをぶちまければよかった。もしそこまで言っていたら、もう一枠をこじ開けられたかもしれない。

とはいえ、このときの就職活動の経験は大変教訓になった。

一つは、マスコミに入るためにはそれなりに対策をしないと厳しい、ということ。もう一つは、とはいえ、大手通信社の最終試験までいけるくらいのスキルは自分にありそうだということだ。

写真記者は大手マスコミでも一人か二人しか採用しないことも分かった。そうなると新卒は厳しい。どうせカメラを担いで走り回るのは写真記者もペンの記者も一緒なんだから、同じ倍率100倍なら1番にならないといけない写真記者より、50番以内に入ればいいペンの記者のほうがよっぽど楽じゃないか。

志望をペンの記者に変え、筆記試験は単なるテストなので独学で勉強することとし、作文や論文の添削はお金を払って教えてもらうことにした。そうして受けた２００２年入社の試験で、ＮＨＫと朝日新聞から内定をもらい、まあ、動画よりも静止画だなと考えて朝日新聞に入った。

理系出身記者は隠れキリシタン？

一般紙の新聞記者になると、新人はだいたい地方で事件担当をして、夜回り朝駆けを学ぶとしたものである。

夜回りとは、取材対象者が帰宅するのを家の近くで待ち構えて取材することで、朝駆けとは、取材対象者が自宅を出たところを取材することをいう。庁舎の中では聞けない裏話を聞いたり、入手した情報が正しいかどうかの感触を確かめたりするのに欠かせない。

捜査本部が立ち上がっているような、でかい事件が動いているときは、警察官も夜11時、12時にならないと帰ってこないし、朝６時前に出かけたりする。だから、記者はいつ帰ってくるのか、そもそも帰ってくるのかも分からない警察官を何時間も待ったり、朝も暗いうちから待ち構えたりしないといけない。

マジかよ、と私は思った。そんな冗談みたいな働き方が存在するなんて信じられなかったが、実在するのである。

警視庁や大阪府警、検察庁あたりの担当になると、誇張ではなく本当に365日、夜回り朝駆けをしている人もいる。そうでなければ、大阪地検特捜部による証拠改竄《かいざん》事件などは決して明るみに出なかっただろう。

いまだからこそ言うが、私はこの夜回り朝駆けが本当にいやでいやで仕方がなかった。寒いのと待つのはまだ対策のしようがあるが、睡眠時間が確保できないのはどうにもつらい。できれば一日8時間は寝たいし、休日には趣味に生きたいのである。

という訳で、私は入社後、あまりうだつの上がらない記者人生を過ごしていたのだが、結婚したばかりの妻が見かねて「あなたは科学の素地があるんだから、科学部を志望しなさい」と方向性を定めてくれた。

新聞社で理系出身の記者は、その出自を頑《かたく》なに隠そうとする傾向がある。特に朝日新聞の政治部ではその傾向が強いように思える。たとえば、中村史郎社長(2024年6月から会長)は東京大学の農学部卒らしいのだが、普段はそんなことはおくびにも出さない。原子力工学科卒の元政治部長や東京工業大学卒の大阪本社の元編集局長も、隠れキリシタンのように信仰を胸の奥底にしまっているように見える。

かくいう私は理系であることを隠してはいなかったのだが、天文学者になる夢が破れ、物理学から逃げるように新聞社に就職したこともあって、科学部を志望先に書くことは長らくできなかった。

会社としては、私の初任地を水戸総局に、2ヵ所目を新潟総局にしているところから、理系出身者は原子力発電所がある県に配置しておきたい狙いがあると思う。いざ原発でトラブルがあったとき、少しでも理屈が分かる人間を置いておきたいのが正直なところだろう。

そのため、理系出身の記者は、望むと望まざるとにかかわらず、放っておくとどんどん科学部に吸い寄せられてしまう。一方、やっぱりなんだかんだ言っても、新聞社の花形は政経社（政治部、経済部、社会部）だ。記者になった以上、もっとも新聞記者らしく、キツいけれども花形の部署で働きたいと思うのは当然だろう。吹けば飛ぶような弱小な科学部などお呼びではないのである。

ところが、「あのね、NHKのディレクターだったら科学系の部署は最難関なんだからね」と、元NHKな妻は言った。

他社のことゆえ、うそかまことかは分からないが、「地球大紀行」とか「驚異の小宇宙 人体」とか「銀河宇宙オデッセイ」とかの制作に携わるには、大変な競争倍率をパスしないといけないらしい。確かに小さいころにそんな科学番組をドキドキしながら見てたなあ。あのころの自分がそうだったように、宇宙や科学の面白さを伝える記事を書くのもいいかもしれない。

そう思い立ってからは、部長面談で明確に希望を伝えたり、各方面に頭を下げたりするようにして、おかげで入社7年目の2009年、幸いにも科学部への異動が認められた。

都会の星を撮る技術

科学部では、新人は宇宙担当をするという伝統がある。

宇宙や天文のネタは、分かりやすくて掲載される割合が高い。たくさん書いて、たくさん新聞に掲載されることほどいい修業はない。

特に、この2009年前後は、日本の宇宙開発が活発な時期だった。宇宙航空研究開発機構（JAXA）の若田光一飛行士が、日本人としてはじめて国際宇宙ステーション（ISS）に長期滞在し、その一挙手一投足が毎日のように記事になっていた。若田さんはこの年の3月にスペース・シャトル「ディスカバリー」でISSに行き、夏にシャトル「エンデバー」で帰還したのだが、私はその帰還を取材するためにいきなりアメリカに出張させてもらった。

若田さんが4ヵ月半ぶりに地球に帰還して、「シャトルのハッチが開いたときに草の香りがして、地球に迎え入れられた気がした」と語った紙面は、夕刊の1面トップになった。当時は出発も帰還も紙面で大きな扱いになった。

翌年には、野口聡一飛行士がISSに長期滞在し、今度はロシアの「ソユーズ」宇宙船でカザフスタンに帰還するのを現地で取材した。ソユーズの帰還は、シャトルと違って大草原のどこかに落ちてくるというアバウトなもので、それがもっとも近い街から四輪駆動車で10時間という場所なものだから、取材陣も前の晩からキャンプをして待ち構えておかないといけない。

このときも、1面トップの大展開に耐えられる大量の原稿をあらかじめ準備していた。ところが、野口さんがソユーズに乗り込んでISSを離れてから、大気圏に再突入して着陸する約6時間のあいだに、日本では鳩山由紀夫首相（当時）が小沢一郎幹事長（当時）を道連れにして辞任を表明するという大事件が起きた。

1面トップになるはずだった野口さん帰還の記事は、社会面の一番下に。そんなことを知るはずもない野口さんはヘリコプターに乗り込む直前、我々から「鳩山さんが辞めます」と知らされて驚き、「本当に!? （新しい大臣が決まらないと表敬訪問できないので）僕の帰国も延びちゃうかなあ」と話した。

6月2日に野口さんが帰還したあと、6月13日には小惑星探査機「はやぶさ」の帰還が予定されていた。はやぶさは、小惑星「イトカワ」に着陸して砂の採取に挑んでおり、砂が入っているかもしれないカプセルをオーストラリアの砂漠めがけて落下させる計画だ。

私はカザフスタンからモスクワ経由でいったん日本に戻り、中3日ですぐにオーストラリアへと飛んだ。

いまでこそ日本の科学探査の金字塔のように語られるはやぶさだが、当時は本当に帰還できるのかと、多くの人が半信半疑だった。往路も復路もトラブルだらけで、カプセルを送り届けられるか分からない。オーストラリアの6月は雨季で、晴れなければ帰還の写真も撮れない。ということで、現地入りした日本のメディアは朝日新聞と読売新聞、毎日新聞、共同通信とNHKだけだった。

NHKはさすがにテレビ局とあって、現地クルーとチームを組んでいたが、新聞社は基本的に記者一人しかおらず、写真記者も派遣していたのは読売だけだった。

実は、私はアマチュア天文家としてはそこそこの経歴がある。

デジタルカメラで都会の夜空を何百枚も撮影し、あとからパソコンで重ねるという手法で、東京のような大都会でも星の動きを描き出せることを2006年ごろに「発見」(口絵・ⅳ参照)し、自分で言っちゃうのもなんだが、アマチュア天体写真界に革命を起こした。

この界隈では、天文雑誌『天文ガイド』の投稿写真コーナーで最優秀賞を取った受賞者は決して悪いようには扱われない。どれだけヘラヘラしていても、「2008年4月号の最優秀賞ですが何か?」と言うと、黄門様の印籠くらい効く。

都会で星が撮れるということは、暗い場所を探して山の奥まで行かなくてもいいということで、この手法はかなりブームになった。私は一時期、天文雑誌でしょっちゅう紹介記事を書いていた。

大阪本社の科学部にいた2011年の夏、隣の生活文化部の記者が訪ねてきて、「夏休みの自由研究向けに『都会でも撮れる天体写真』の紹介記事を書こうとしてるんですけど、天文雑誌『星ナビ』の編集長と天体写真家の沼澤茂美さんに取材したら、二人とも『それはあんたの会社の東山に聞きなよ』って言うんですけど？？？」と不思議がられたこともあった。

そんなわけで、私には天体写真はそれなりに撮れるめどがあった。はやぶさが帰還する写真も、まあ撮れるだろうと楽観していた。

南天の天の川と砕け散るはやぶさ

はやぶさ帰還の予定時刻は午後11時ごろで、夜空で流れ星を撮影するのに近い。

私は、大気圏に突入したカプセルの光跡と、南天の天の川を一緒に写そうと考えた。星や天の川を浮かび上がらせるためには、シャッターを長時間開けて星の光を十分取り込む必要があるが、地球が自転しているため、1分くらいの露出でも星は意外と動いてしまう。点のまま写すには、星の動きを追尾する赤道儀（望遠鏡の架台部分）が必要だ。

そこで私は、オーストラリアに赤道儀を持ち込むことにした。帰還の前夜にテスト撮影をして、天の川をちょうどいい感じに写すには、3分露出が適正だということも確かめた。はやぶさのカプセルが上空で光っているのはおよそ40秒間と予想されていたので、光が消えてもさらに2分20秒間、シャッターを開けつづけておかないといけない。

再突入予定時刻の午後11時過ぎは、朝刊の締め切りまで20分くらいしかないタイミングだ。写真を電送しないといけないから、ここでさらに2分を費やすのはハイリスクだったが、やる価値はあると思った。

東京本社では、紙面のレイアウトをする整理部の強面《こわもて》デスクから「1面トップを開けて待ってるんだから、撮れなかったら帰ってくるな。撮れても、矢印で指さないと分からないようじゃ話にならないぞ」と厳命されていた。

2010年6月13日午後11時21分（日本時間午後10時51分）。

オーストラリア南部、グレンダンボ近郊の砂漠には、月明かりも街の明かりもない漆黒の夜空が広がっていた。

予定時刻が近づいている。果たして、はやぶさは本当に帰ってくるのか。

西の空には何も見えない。10秒、20秒……どうした？　やっぱりダメだったのか。

東京写真記者
協会賞特別賞を
受賞した
「地球に
再突入する
小惑星探査機
はやぶさと
南天の天の川」。

そのとき、誰かが「あれだ！」と叫んだ。満天の星々のなかで、光の点がゆっくりと動いている。その光は、近づきながら見かけの高度を上げ、明るさを増していく。光の点がはらはらとちぎれて分裂しはじめた。はやぶさ本体が大気圏に突入して崩壊したのだ。

はやぶさはまばゆく輝き、地上は満月のような明るさで照らされた。足元にははっきり影ができ、遠くにある雲も浮かび上がった。

なんという劇的な最期だろう。

ちりぢりになった光が、急速に明るさを失っていく。

そのすぐ先を、小さな光が一直線に飛んでいるのが分かった。カプセルだ。あらかじめ予測された通りのブレのない軌道。再突入が成功したことを明確に物語っていた。

やがて、カプセルの光も弱くなり、ついに南天の天の川の先に消えていった。日本が、世界初となる小惑星からのサンプルリターンという偉業を成し遂げた瞬間だった。

はやぶさ帰還のニュースは翌日、新聞各社の1面トップを飾った。

私たち取材陣はその晩、撮影をしたあとにレンタカーを300㎞走らせて取材拠点に戻り、明け方に2時間だけ仮眠して朝の会見に参加した。翌々日にはドタバタと帰国の途に就いたのでぜんぜん気づかなかったのだが、そのころ、はやぶさは日本で大

フィーバーになっていた。
出発前には「なんだそれうまいんか」くらいの反応だったのに、掌を返したように続報はないのか、ほかのネタはあるか、やれ書けすぐ書けもっと書けと言ってくる。週刊誌『AERA』から急遽頼まれた見開き記事は、シドニー空港で飛行機に乗る直前にメールした。
はやぶさ帰還の写真は高く評価され、この年の新聞協会賞の写真・映像部門にノミネートされたほか（落ちたけど）、東京写真記者協会賞の特別賞に選ばれた。
はやぶさ帰還をめぐる映画が3本作られ、渡辺謙さんが主演した東映の『はやぶさ　遥かなる帰還』で夏川結衣さんが演じた「朝日新聞記者」は、私がモデルだと言われた。試写会に呼んでもらい、映画のパンフレットに「あの夜のことを思い出しました」なんて寄稿した。

こんなおかげで、あれから15年近くになるのに、朝日新聞の宇宙担当と言えば東山と言ってもらえている。


ところで、科学部に異動してすぐの2009年、私はついに写真記者の松本敏之さんと再会した。そのころ、芸能人に「元気のひみつ」を聞くというコーナーがあり、歌手の布施明さんに取材した。芸能事務所であった取材と写真撮影に、写真部から派遣されてきたのが松本さんだった。

事務所のロビーで合流してあいさつし、ソファーに座って待ちながら、恐る恐る「実はお会いするの、はじめてじゃないんです。阪神・淡路大震災のとき、東灘区の公園で……」と話しかけた。松本さんは数秒考えて「あぁ、あのときの!」と言ってくれた。

松本さんが本当に大学生だった私の顔を覚えてくれていたかは分からないけど、それからはずいぶんかわいがってもらった。はやぶさ帰還の写真が1面トップを飾ったときは、まるで自分のことのように喜んでくれた。私もトシさんと呼ぶようになった。

と言っても、めったに会うこともなかったのだが、かなり経ってから首相官邸でばったり再会した。トシさんは「久しぶり〜」と相変わらずの笑顔で、名刺を差し出してきた。「なんで名刺？」と思ったら、所属が共同通信になっている。

あれ？　いつの間に退職されてたんでしたっけ？　人事発表をぜんぜん見てなくてすいません、と言うと、「いやあ、朝日だともう現場に出させてもらえないからさあ」と返ってきた。ずっと現場一筋じゃないと気が済まないらしい。

トシさんにはずっと背中を見せてもらっている。

もっとも不幸な宇宙担当記者

はやぶさ帰還の大フィーバーが一段落すると、今度は小惑星での採取は成功していたのか、カプセルの中に砂が入っているのかが焦点になった。相模原市のＪＡＸＡ宇宙科学研究所では連日、カプセルの中を確かめる作業が進んでいた。結果はいずれ発表されるとはいえ、報道各社はそれを座して待っているわけではない。

せっかく写真が評価されたのに、砂の有無という本筋のネタで他社に先んじられるわけにはいかない。なんだかんだ言っても私はペンの記者なわけで、特ダネを摑んで書くのが仕事である。

後任の宇宙担当になった小宮山《こみやま》亮磨《りょうま》記者と二人で取材し、小宮山記者が連夜の夜回りをして、カプセル内に砂が入っているというネタを摑んできた。金曜日の夜。携帯電話の向こうで小宮山記者が言う。「砂が見つかっているそうです。近く発表すると。それにしても蚊がすごい。もうかゆくてかゆくて。後はよろしくです」。大スクープだ。

小宮山記者は八丈島出身。開成高校から東京大学に進んだという紛れもない島の神童で、東大では工学部生ながら立花隆ゼミに所属してジャーナリストとはなんたるかの薫陶《くんとう》を受け、その教え通りに留年を2回したという経歴を持つ。

朝日新聞社はそこかしこに掃いて捨てるほど東大卒がいて、まったくどうしようもない東大卒も多いのだが、小宮山記者は「ちゃんと」頭がいい。2024年のいまも、データジャーナリズムを担うデジタル企画報道部でデスクと記者の関係が続いている。データ報道における分析力や取材力は日本有数と言っても過言ではなく、私がもっとも信頼している記者の一人だ。

ただ、先日ある飲み会の席で、朝日新聞社のいいところを問われた小宮山記者が「デスクにタメ口きけるところっすかねー」と言っているのを私は聞き逃さなかった。

カプセルに砂が入っていることの情報は取れたが、一人の証言だけで記事を書くことはできない。その情報が正しいのか、複数ルートで確認する必要がある。ウラ取りと言い、新聞社はこれをもっとも重視する。私は翌日土曜日の朝、JAXAのある幹部の携帯に電話をかけ、ニュアンスを確かめた。相手は驚いた様子だったが、砂が見つかっていることはしぶしぶ認めた。

記事に書きますからと通告すると、「月曜には発表するんだから、あと2日待てないのか」と言う。そうか、月曜日には発表しちゃうのか。なら大急ぎで書かないと。

こういう大きめの成果発表の場合、研究機関を所管する省庁は、大臣の耳にあらかじめ情報を入れておくものである。幹部が一番困るのは、ぜんぜん知らないネタが朝刊に載っていて、大臣から「あれなに？」と聞かれることなので、所管省庁の幹部に書くことを先に通告しておくと、あとあと波風が立たなくてすむ。

砂とは別件で、「あの話、書きますね」と通告したら悲鳴をあげたJAXAの幹部が、「文部科学省にはうちから通告しておきますから」と言ったとたん、「それならどうぞどうぞ」と安心したこともあった。

「探査機はやぶさ、カプセルに微粒子」の記事は、月曜日の朝刊1面に掲載された。予定通り、その日の午後にJAXAが会見して砂の発見を発表した。

ただ、NHKだけは、月曜日の朝5時のニュースから「カプセルに微粒子」の記事を配信していた。砂が見つかっていたことは、NHKも知っていたのだ。

書かなければ抜かれていた。あぶなかった。

後継機の「はやぶさ2」は2014年に打ち上げられ、2020年に地球に帰還した。私はこのとき科学医療部のデスクで、宇宙担当だったのが小川詩織記者だ。

小川記者は大阪府出身。大学の海事科学部で練習船に乗っていたという経歴があり、ヤシの実で甲板を洗ったり、海図を描いたりできる特技を持つ。南極や宇宙が好きで科学部を志望し、念願叶って2020年度から宇宙担当になれたのだが、そこからの2年間は世界中で新型コロナウイルスが猛威を振るっており、野口聡一飛行士と星出《ほしで》彰彦《あきひこ》飛行士のISS長期滞在や、鹿児島県種子島からのH2Aロケット打ち上げ、そして小惑星探査機「はやぶさ2」のオーストラリアへの帰還など大きなイベントが目白押しだったにもかかわらず、一度も現地に出張できなかったという、史上もっとも不幸な宇宙担当記者の名を欲しいままにした。

「そんな名前、欲しないわ」と言われそうだが、一方で書かないといけない記事が多かった2年間でもあったので、デスクである私からはよくプレッシャーをかけられ、その都度、「パワーもないくせに、またパワハラですか」と毒づいていた。

小川記者にとって大きな機会はむしろ、宇宙担当を卒業してから舞い込んできた。小川記者は取材相手に深く食い込んでおり、はやぶさ2が持ち帰った小惑星「リュウグウ」の砂から、生命の材料となるアミノ酸が複数検出されたことをいち早く摑んできたのだ。

初代はやぶさは世界初の小惑星サンプルリターン計画で、地球に帰還し、砂を採取できているかが最重要だった。はやぶさ2は、砂を採取できていることはもはや前提で、その砂にアミノ酸が含まれているかどうかに注目が集まっていた。もっと言うと、リュウグウに似た小惑星から地球に飛来した隕石からアミノ酸が見つかった例は過去に複数あるため、もはやアミノ酸が何種類見つかるかが勝負だったと言っても過言ではない。

小川記者から連絡があったのは2022年6月、またもや金曜日の夜だった。
「なんか、20種類以上見つかってるみたいです。リストも入手しました」
マジかよ、大スクープじゃないか。間違いなく1面トップ級である。

小川記者はその春、科学医療部から福岡の社会部に異動しており、私もデジタル企画報道部のデスクに移っていたが、科学部の後任の宇宙担当デスクと記者がいずれもほぼ未経験者とあって、社内調整は私が担うことにした。「後にも先にも、はやぶさ2の最大局面」とプレゼンし、その週末に用意されていた1面トップを差し替えてもらった。

6月6日、月曜日の朝刊に、「「はやぶさ2」砂に生命の源」の横見出しが躍った。初代はやぶさの帰還写真と、砂を採取できていたというスクープ、そして今回と3連続の1面掲載になった。

「はやぶさ2」砂に生命の源　小惑星リュウグウ、20種以上のアミノ酸　地球外で初確認

宇宙航空研究開発機構（ＪＡＸＡ）の探査機「はやぶさ2」が地球に持ち帰った小惑星「リュウグウ」の砂から、アミノ酸が20種類以上見つかったことが関係者への取材でわかった。アミノ酸はたんぱく質の材料。生命のもととなる物質が宇宙由来である可能性を後押しする結果となりそうだ。

リュウグウの砂が入ったはやぶさ2のカプセルが豪州に帰還したのは２０２０

年12月。内部には約5・4グラムの砂や石が入っていた。JAXAの研究チームは昨年6月、世界各国の研究機関に砂を配り、本格的な分析を始めると発表していた。初期分析の段階で、すでに炭素や窒素といった有機物を構成する物質が含まれていることは分かっており、たんぱく質の材料になるアミノ酸があるかどうかが注目されていた。

ヒトのたんぱく質を形作るアミノ酸は20種類。関係者によるとそのうち、体内でつくることのできないイソロイシンやバリンなどを確認。コラーゲンの材料になるグリシンのほか、うまみ成分として知られるグルタミン酸もあったという。

こうしたアミノ酸はもともと、46億年前に誕生したばかりの地球にもたくさんあった。しかし、その後、地球はマグマに覆われた時期があり、いったん失われてしまったと見られている。

このため、生命のもとになったアミノ酸は、地球が冷えた後に改めて、隕石によってもたらされたのではないかとする仮説があった。今回、地球と火星の軌道付近を回る小惑星の砂からアミノ酸が複数見つかったことで、宇宙にも生命のもととなる材料がたくさんあることが初めて確認されたと言える。

アミノ酸は、これまで地上で見つかった隕石からも検出された例があった。しかし、隕石は地球の土壌や空気に触れているため、飛来した後に地球のアミノ酸が混入した可能性を100%否定できなかった。

はやぶさ2は、初めて月以外の天体に着陸して砂を持ち帰った初代「はやぶさ」の後継機。初代が訪れた小惑星「イトカワ」や月からはアミノ酸は見つかっていなかった。

（小川詩織）

朝日社長も宇宙少年だった！

朝日新聞宇宙部を立ち上げたとき、私は小宮山記者と小川記者を部員としてスカウトした。記念すべき1本目の動画は、2021年の節分が124年ぶりに2月2日になることを解説する動画で、小川記者に出演してもらった。
その次の解説動画に登場してもらったのが、3人目の宇宙部員となった石倉徹也記者だ。石倉記者は小川記者の前任の宇宙担当で、はやぶさ2が小惑星「リュウグウ」への着陸に挑んだり、イーロン・マスク氏率いる宇宙企業スペースXが躍進したりし

ていた2018~2019年度に宇宙担当をした。

仕事が速く、取材も丁寧。なによりの真骨頂は、日本を代表する数学記者ということだろう。本人は数学科ではなく物理学科出身なのだが、世紀の難問であるABC予想を解いたとして話題になった京都大学の望月新一教授を取材してから数学に目覚めたらしい。

朝日新聞デジタルにある石倉記者の記者ページには、「好きな数字は137≒1/α」とある。もはや意味不明だが、ヤバさは伝わってくる。

朝日新聞宇宙部は2021年初めにチャンネルを開設し、部員も3人加わった。木曽観測所だけでなく、ハワイのマウナケア山頂からの星空ライブも始まって、ついに本格始動した。登録者数は1年に3万人のペースで増え、これからますます活発化させていこうと盛り上がった。

その起爆剤として2022年、東京大学に続いて、国立天文台と正式に協定を結ぶことにした。せっかくだから、これを記念してイベントを仕掛けたい。国立天文台長と朝日新聞社長による調印式を開き、それを公開して他メディアに取材してもらうのはどうか。

双方の出席可能性を水面下で打診してみると、国立天文台の常田佐久《つねたさく》台長（当時）は前向きという。朝日新聞の秘書室に聞いたところ、中村社長（当時）の反応もよさそうだ。

何しろ、基本的には明るい話である。宇宙や天文、基礎科学に協力する姿勢を見せることは、イメージ的にも決して悪いものではないだろう。

秘書室や広報部、そして国立天文台側と調整を繰り返し、協定の中身を詰めて、9月に調印式を催すことになった。会見には業界紙や専門紙、天文雑誌『星ナビ』などの記者が来てくれた。記者として、これまで読むばかりだった広報文も書いた。

朝日新聞社と国立天文台が協定締結
ハワイ・マウナケア山頂の星空ライブカメラ設置・運用

朝日新聞社と国立天文台は9月13日、米ハワイ島のマウナケア山頂付近にある「すばる望遠鏡」の施設に設置した「星空ライブカメラ」について、運用などに関する協定を締結した。同日、東京都中央区の朝日新聞東京本社で、中村史郎社長と国立天文台の常田佐久台長が協定書に署名した。

マウナケア山は太平洋の真ん中にそびえる標高約4200mの火山。人工の光が少なく、気流が安定していて晴天率も高いため、世界各国の13基の大型望遠鏡が集まる世界有数の天体観測地として知られている。

朝日新聞社は国立天文台の協力を受け、すばる望遠鏡のドームに星空ライブカメラを設置し、山頂からの映像を365日24時間、朝日新聞宇宙部のYouTubeチャンネルで配信する試験運用を2021年4月に始めた。

防水ボックスや配信システムは朝日新聞社が開発し、国立天文台は、山頂付近を管理している米ハワイ大など関連機関と交渉して設置の許可を得た。8月からは、ソニーマーケティング株式会社からカメラとレンズの貸与を受け、より精細な映像が得られるようにもなっている。

山頂は、空気が地上の60％しかないなど過酷な自然環境だが、技術的な問題を少しずつ解決し、1年半にわたってほぼ途切れなく配信を続けることに成功した。ふたご座流星群がピークを迎えた12月14〜15日の夜には、チャンネルの視聴回数が一晩で約150万PVとなるなど、高い関心を集めた。

こうした成果が上がり、配信が安定してきたことなどから、朝日新聞社と国立天文台はライブ配信のさらなる発展を期し、正式に協定を結んで本格運用を始めることで合意した。

調印式で常田台長は「マウナケア山頂付近は素晴らしい星空が広がる世界屈指の天体観測地で、ここに今回、朝日新聞社の協力で星空ライブカメラを設置し、安定運用できることになったことは、天文学のみならず、科学の裾野を広げることにつながり、国立天文台としても大変意義深いと考えています。マウナケアは地元の方々にとって神聖な地で、山頂付近は一般の方々の夜間立ち入りが制限されており、その美しい星空を見られるのは一部の研究者らに限られてきました。それが、朝日新聞社の高感度カメラを設置したことで、24時間365日、インターネット環境があれば、地元ハワイや日本をはじめ、世界中の誰でも、その星空を見られるようになりました。すでに多くの方々が星空ライブを楽しんでくださり、世界中から反響があることは、天文学に携わる者として大変うれしく感じています」と語った。

朝日新聞の中村社長は「宇宙に関わるニュースは、私たち朝日新聞社が特に力を入れて報じている分野の一つです。今年6月には、小惑星探査機『はやぶさ2』が持ち帰った砂からアミノ酸が発見されたことをいち早くスクープしました。また、報道だけでなく、YouTubeを使った星空のライブ配信にも取り組んできました。天文台と新聞社の連携協定は、日本ではかなりユニークな取り組みで

記者会見に臨む朝日新聞の中村史郎社長と常田佐久台長（いずれも当時）

会見場には業界紙の記者らが取材に来てくれた

はないかと思います。実は、私は子どもの頃の夢が天文学者で、大学に入る頃まで真剣に目指していました。なぜか新聞記者になってしまいましたが、今も流星群が流れる時などは朝日新聞宇宙部のライブ配信を見て楽しんでいます。個人的にも、今回の協定締結には胸が躍る思いです。今回の協定により、国立天文台と朝日新聞社の協力が深まり、ひいては基礎科学の発展の一助になることを祈念しております」と話した。

中村社長の小さいころの夢が天文学者だったという発言にその場にいた全員が驚愕したということを除けば、調印式はきわめて滞りなく終わった。

私も心の底から胸をなで下ろした。なにしろ社長が調印をしたということは、紛れもなく、宇宙部が朝日新聞の公式コンテンツとして認められたということである。

私は広報文で「今回の協定により、双方が協力して、たとえば流星群や月食のような天文イベントを分かりやすく解説したり、読者の疑問に双方向で答えるコンテンツ制作を検討したりする。新聞社と研究機関が協力し、宇宙や天文学の素晴らしさを世界に発信する、新しい取り組みに挑んでいく」と書き、さらなる発展を誓った。

上半身丸ハダカ事件

ところが、協定に先立つ2022年の初め、宇宙部に衝撃が走る事件が起きた。もうすぐ開設から1周年というタイミングで、部員の一人の石倉記者が長崎に異動することになったのだ。

宇宙部は開設当初、節分のような季節の暦や、東京大学の村山斉先生に宇宙の始まりについて聞くインタビューなど、企画を考えた動画を作っていた。

動画の編集は私が担当していたが、石倉記者と小川記者、小宮山記者の3人には取材や解説、撮影の手伝いのほか、取材内容をデジタルや紙面向けの記事として書いてもらっていた。宇宙部がそもそも科学医療部発のデジタルコンテンツとして始まった関係上、一つのネタをYouTubeだけでなく、朝日新聞デジタルや紙面にも展開できるようにすることは重要な目的で、部員の存在は欠かせない。

ところが、3ヵ月後の4月には小川記者も福岡に異動、小宮山記者はデータジャーナリズムに力を入れるために作られたデジタル企画報道部と兼務になり、3人いた部員は実質0・5人になってしまった。

全国紙の記者にとって転勤は常とはいえ、これには困った。

新人教育の拠点となる長崎総局で模範となる中堅記者が欲しい、という求めなど、それぞれ請われての異動であるので、いずれも大変喜ばしいことではあるのだが、それはそれ、これはこれである。

まいったなあと思いながら、本館と新館をつなぐ渡り廊下を歩いていたら、坂尻《さかじり》信義《のぶよし》編集局長（当時）が向こうから歩いてきた。

坂尻さんは宇宙部の活動を好意的に捉えてくれている編集幹部の一人だ。

朝日新聞はコロナ禍になってから、紙面のラインナップを練る毎日のデスク会をオンライン会議にしたのだが、意図せずにカメラがオンになって起きた大きな事故が過去に2件あり、一つは経済部のTデスクがパンツをさらした事故で、もう一件が私の上半身丸裸事件である。

なんでカメラオンに気づかないのかと不思議に思われるかもしれない。

せっせとメモを取っているからである。

デスクは自分の部の代表として会議に出席しているので、その日の1面のラインナップがこうなった、その際にこんな意見が出たというのは部内で共有しておかないといけない。

普段からカメラをオンにしているのは編集幹部だけで、発言を求められない限り、参加者は聞いているだけだから会議アプリはノートパソコンの画面で最小になってているのだ！

「東山さん？　カメラがオンになってます……」

司会者の申し訳なさそうな声にハッとして会議アプリを確認すると、シャワーを浴びた直後で髪も乾かしていないおっさんの上半身が映し出されていた。

ハアッッッッッ!!

カメラをオフにするまで0・3秒。

坂尻さんが腰が抜けるほど爆笑しているのが見えた。

「大変お見苦しい姿をさらして申し訳ございませんでした」。出社して編集局長室を訪ねると、坂尻さんや局長補佐やらがこの世の春かっちゅうくらいに大笑いしている。

「こ、これ。ノートPCのカメラのところに張っとけるカバー。買ったら5個入ってたから一つあげる。ぷぷぷぷ」

ということもあって、坂尻さんは宇宙部の活動にも好意的にちゃちゃを入れてくれていたのだが、この日は人事異動の結果に「みんないいなくなっちゃうねえ。これだと宇宙部は解散の危機だなあ」などとおっしゃる。人ごとみたいに言うけど、あなた、その人事案を了承した張本人の一人でしょ！　と私が思ったのは言うまでもない。

とはいえ、ない袖は振れないので、このあたりから宇宙部YouTubeで企画動画を配信するということはかなり難しくなった。なにしろ取材して記事を書ける部員がいない。そして、ここからがさらに問題だったのだが、朝日新聞は人員削減がいよいよ本格化しており、新しい部員をリクルートできる雰囲気でもなくなっていた。

残るはもうライブしかない。ライブなら、機材さえあればずっと配信していられる。

東京大学木曽観測所に加えてハワイ・マウナケア山頂のすばる望遠鏡の施設からも星空ライブの配信が始まったころ、映像報道部がソニーマーケティングさんにかけあってくれ、高感度カメラ「α7SⅢ」と非常に明るいレンズ「FE24㎜F1・4GM」を3セット貸してくれることになった。

α7SⅢは、民間用としては世界でもっとも高い感度を誇るデジタルカメラだ。光をたくさん集めることができるレンズと組み合わせれば、人間の目で見ることのできる範囲をはるかに超える暗さの星まで映すことができる。

具体的には、人の目の限界が六等星までのところ、α7SⅢと24㎜F1・4の組み合わせは八等星まで映すことができる。国立科学博物館によると、六等までの星は夜空に8600個、八等までは6万7600個だから、約8倍の数の星が見えることになる。惑星でもっとも暗い海王星が八等よりちょっと明るいくらいだから、星空ライブはすべての惑星を見ることができる（冥王星は一四等級でかなり暗いが、惑星ではなくなった）。

惑星のほか、天の川や蛍の動きなどを、長時間露光した静止画でなく、露出時間がたった30分の1秒になってしまう動画で映せるカメラはこれまで、トモエゴゼンとほぼ同じセンサーを組み込んだキヤノンの業務用カメラ「ME20F－SH」くらいしかなかった。しかし、これは300万円以上する。

木曽とマウナケアの機材をα7SⅢに交換すると、映像は一段とシャープに、そしてたくさんの星が映るようになった。

いろんな天文イベントに出張しての星空ライブも始めた。

金環日食をグアムから、部分日食を八丈島から配信したほか、中秋の名月を都心から、ふたご座流星群を富士山麓から配信した。ライブは編集が不要で助かるのだが、野外からのライブにはトラブルがつきものでもある。

最大の問題が、ネット回線の不安定さだ。通信端末を複数準備して、通信速度的にも容量的にも余裕があるはずなのに、配信を始めて2時間くらいしてから突然、回線が不安定になるのは非常にあるあるである。

こうした不調は、準備やら配信開始やらのドタバタが一段落して、「やっと落ち着いた」と一安心してお湯を沸かし、カップラーメンでもすすっているときに限って発生するのできわめてやっかいだ。

これがテレビ局だったら中継車を投入するところだが、端くれユーチューバーにはそんな大型の機材と人材はない。皆既月食の中継でも、テレビ局はチームで臨んでいるが、こっちは下手をするとワンオペである。寒さに震えながら、途切れそうな通信の波をなんとかたぐり寄せようと一人もがく。

宇宙部でもっとも成功した2022年11月8日のライブもそうだった。

この夜、日本でおよそ1年半ぶりに皆既月食が見られた。珍しいのはここからで、皆既中の月に天王星が隠されるという皆既月食と天王星食の「ダブル食」が起こったのだ。

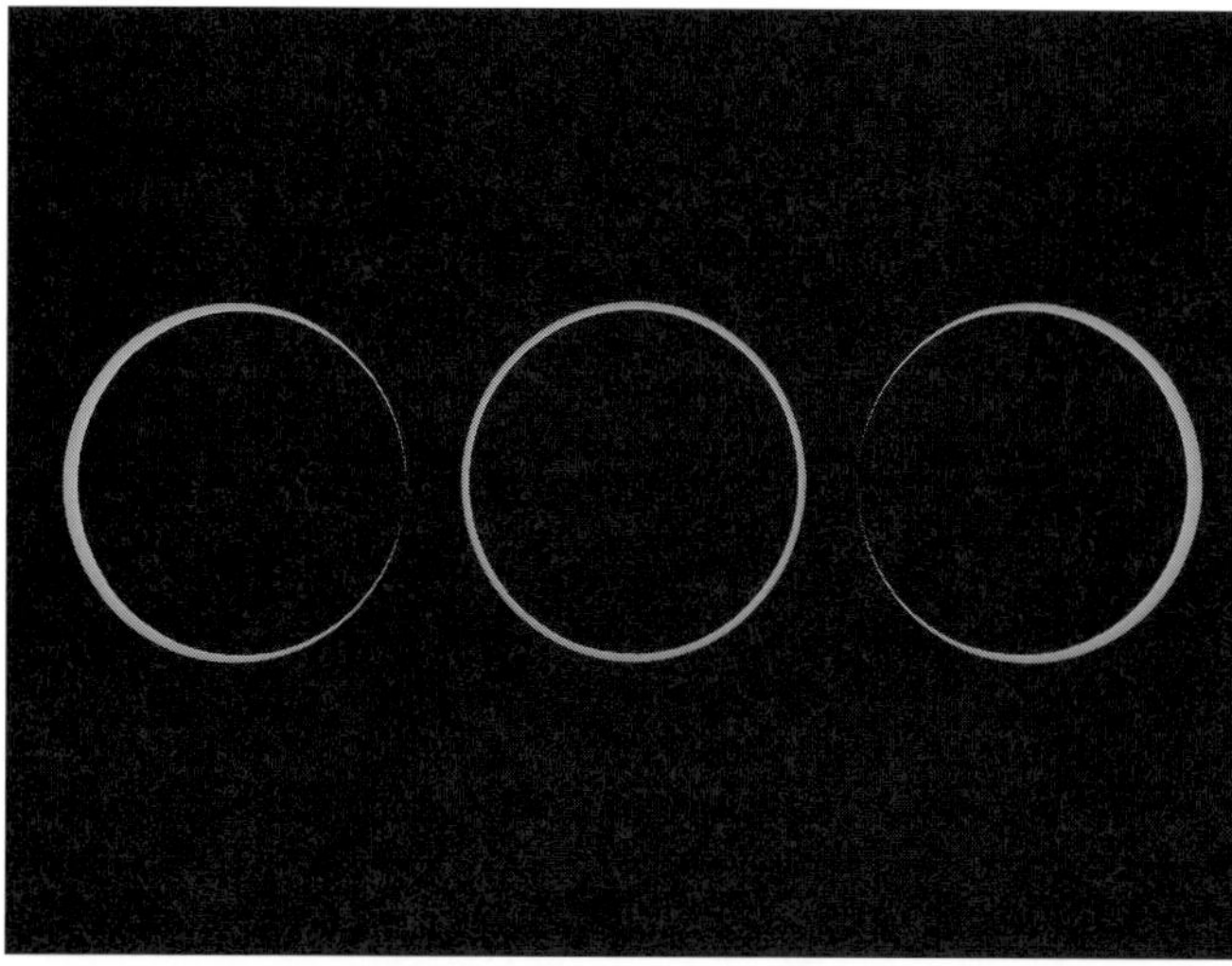

グアムからライブ中継した2019年12月の金環日食

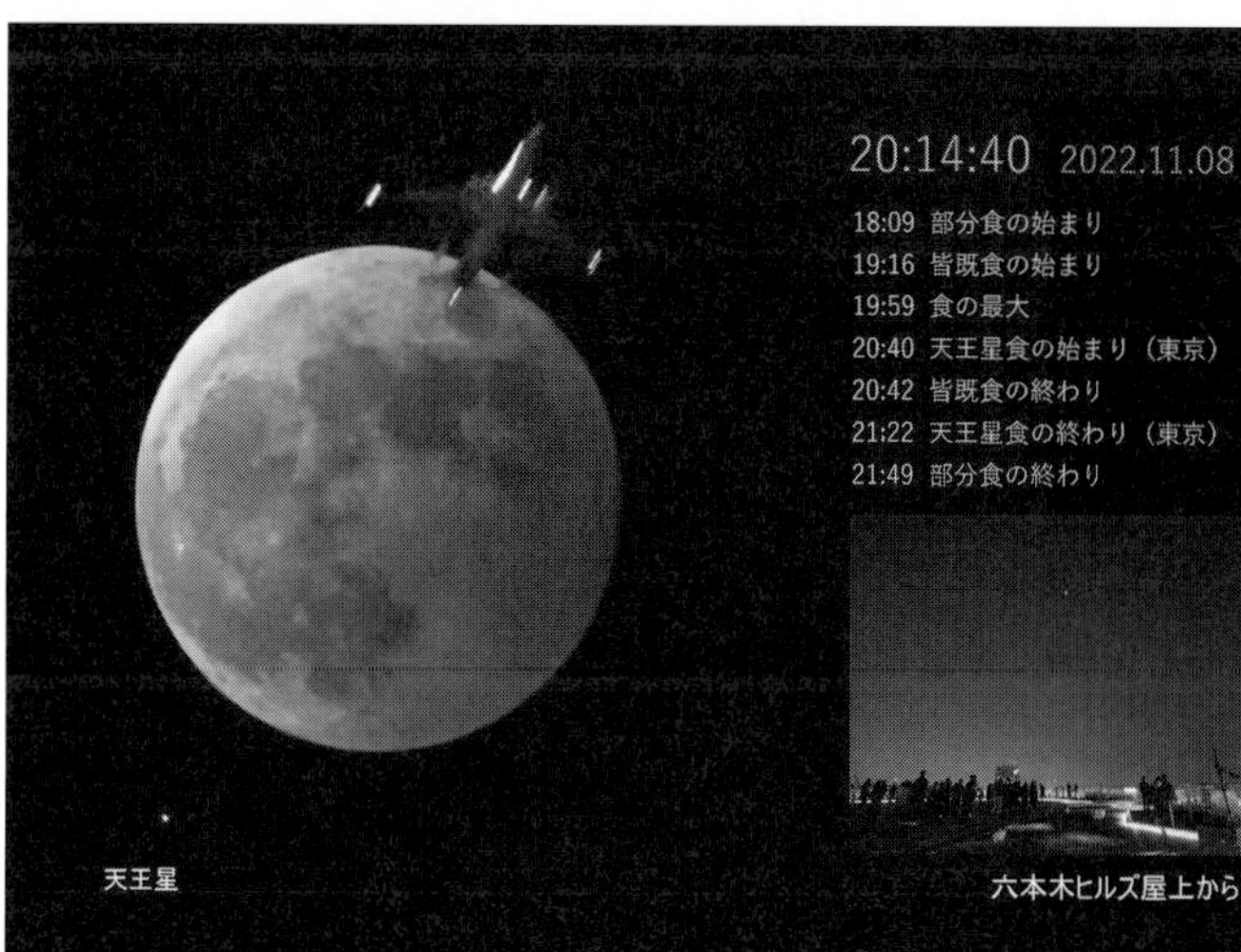

六本木ヒルズ屋上からライブ中継した2022年11月の皆既日食

経理の本田さんの根回し力

国立天文台によると、日本で皆既中の月に惑星が隠されたのは１５８０年７月26日の土星食以来。次は２３４４年７月26日の土星食といい、数百年単位の珍しさだ。天王星は、青白く見える六等級くらいの惑星である。肉眼ではぎりぎり見えるかどうかの明るさだが、双眼鏡や望遠鏡を使えば余裕だ。だから、月食のライブさえうまくいけば、天王星食はまあ映せるでしょ、と安易に考えていた。

中継地点に選んだのは、東京都港区の六本木ヒルズ森タワーの屋上スカイデッキだ。都心にある標高２７０ｍの屋根のない屋上で、一般の人も有料で上がることができ、星空観察会が毎月開かれていた（２０２４年４月に営業を終了）。

ここからは東京タワーを正面にした抜群の夜景が見られる。だから、「いざ曇っても夜景を中継するだけで視聴者数が見込めるわい」と非常にあくどいことを考えていた。

幸い、この夜は全国的に晴れ渡り、六本木からも月食の一部始終が観測できた。

月は地平線の上に昇ってすぐに欠けはじめ、午後7時すぎに全体が地球の陰に隠れる皆既になった。東京タワーの上に、赤銅色の満月がぽっかりと浮かんでいる。

このころになると、月食や流星群のような天文イベントは、ほとんどすべての新聞社やテレビ局がライブ配信をするようになっていた。完全にレッドオーシャンである。競争相手が増えすぎて供給過多になり、労力の割に成果が見込めなくなっている市場のことだ（逆に競争相手がほとんどいない市場はブルーオーシャンと呼ばれる）。

大手メディアだけでなく、個人で星空ライブをする人も現れた。なにより、株式会社ウェザーニューズが全国の公共天文台とコラボして、各地をつないだ中継をしてくる。

ずるい。知り合いの研究者が女性アナウンサーとやりとりしているのを寒空の下で見ていると、どうしても毒づきたくなる。オレだってアナウンサーから「そちらは寒くないですか？　暖かくしてくださいね」なんて労《ねぎら》われたいよう。

そんな呪いが通じたのか、天王星がだんだん月に近づくにつれ、宇宙部のライブの視聴者数はうなぎ上りになっていた。天体望遠鏡を使っているから映像がクリアで追尾がスムーズなのと、タイトルの「六本木ヒルズスカイデッキから」という字面が良かったのかもしれない。

ＹｏｕＴｕｂｅは、視聴者が集まって「グッドボタン」が短時間にたくさん押されると、ますますプッシュされて（アプリを開いたときに「おすすめ」に現れやすくなる）、指数関数的に見られやすくなるという仕組みがある。

天王星が月に隠されるころには、私が確認した限り、もっとも視聴者数が多い月食ライブになっていた。

「いろんなライブがあるけど、ここが一番きれい」

「これが天王星か！　ちゃんと矢印を付けてくれてありがとう」

「ここまで拡大できるのか。すごい」

チャット欄には珍しく褒め言葉が並んでいる。

かつて小宮山記者がある講演会で朝日新聞を表して「カラカラに乾いた干し草のよう」と喩えたことがあるが、ことほどさようにネットの世界で朝日新聞はきわめて炎上しやすい。それがこの温かなコメントの数々。さっきまでの負の感情が洗い流されていくように感じた。

結局、この夜の視聴回数は２６８万回に達した。

それだけ見られると、どれくらいの広告収入になるのか。

ＹｏｕＴｕｂｅライブの収入は、その動画のカテゴリーや長さのほか、視聴者にどれ

六本木ヒルズ屋上からライブ中継した2022年11月の皆既日食

だけ長く見られているか、など複数の指標によってインプレッション単価（CPM）が決まる。CPMは「視聴1000回あたりでいくら払われるか」の意味だ。動画の内容が不適切だったり、つまらないと判断されたりすると低くなるらしい。

宇宙部の場合、木曽とマウナケアからの星空ライブには協定上、広告を付けていないが、それ以外の宇宙部独自の動画には広告を付けられる。CPMは200〜300円前後であることが多い。

ということで、皆既月食・天王星食ライブは約50万円の収益があった。

宇宙部の収益はそれまで、多くても月に数万円だったので、この「売り上げ」は事態を大きく動かすきっかけになった。「チャンネルがもっと成長すれば、年間に数百万円の広告収入が見込める。だから、予算を付けてくださいよ」と会社に言えるようになったのだ。

映像報道部も背中を押してくれた。それまで木曽とマウナケアに設置していたカメラはソニーマーケティングからの貸与だったが、「いつまでも借りっぱなしというわけにもいかないから」と経理セクションにかけ合ってくれたのだ。

2022年9月に、朝日新聞の社長と国立天文台の台長が協定に署名し、宇宙部の活動が会社公認のような雰囲気になっていたことも後押しした。

せっかくだから、4K配信をできるカメラとレンズ、配信用パソコンを3セット買いたい。計約200万円の設備購入を会社に申請した。

経理セクション次長の本田直人さんは、

「あらかじめ予算化していないこんな高額の設備費を年度の途中に入れるなんて。地方支局の屋根の雨漏りを修理するおカネがなくなっちゃいますよ。我々がどれだけ爪に火をともすように予算繰りしているか」

とぶつぶつ言いつつ、

「まあでも、宇宙部の活動は朝日新聞にとって久しぶりに明るい話題ですからね」

と各方面にかけ合ってくれ、予算は承認された。翌年度の予算も継続が認められた。予算が付いたことで、ともすれば一部有志によるサークル活動のようだった宇宙部が、一気に会社公認の存在になった。

ハワイへの出張が認められたのも、この延長だったのだ。

第4章

宇宙部カメラが起こした奇跡

未確認物体発見！

それは、嵐の夜だった。

２０２２年４月17日未明。マウナケア山は春の終わりの雪雲に覆われ、２８００mより上は前夜から立ち入り禁止になっていた。

空には満月を過ぎたばかりの月があるはずだというのに、分厚い雲に覆われて何も見えない。かと思うと、霧の向こうにうっすらとケック望遠鏡が見える瞬間もあった。

誰一人いないモノトーンの世界。

そんな午前5時過ぎ。

雲がすっと途切れ、雲間から星空が見えはじめた。

星空ライブはもともと音声のない配信だが、月に照らされた雲がどんどん流され、風がビュービューと吹いているのが聞こえるようだ。

ちょうど、東の空に土星と火星、金星と木星が集まっていた時期だった。薄雲越しに、明るい惑星たちが見え隠れする。

マウナケア山頂のライブカメラが捉えたナゾの渦巻き状物体三つ

なんてドラマチックな光景だろう。

こんな嵐の山頂には誰も登れないから、かつては誰も見ることができなかった光景だ。それが、こんなにも過酷な環境の光景を、いまやお茶の間で見ることができる。

このときも、20人ほどがリアルタイムで視聴していた。

と、画面の左から、「青白く光る渦巻き」が視野に入ってきた。

なんだあれは？

空に蚊取り線香のような渦巻きが浮いている。ちょっと何を言っているのか分からないと思うが、改めて動画を見返してもにわかには意味が分からない。でも確かに、渦巻きが夜空で青白く光っている。

その渦巻きは、ゆっくりと時計回りに回転しながら東方向に動いていき、2分ほどで画面の真ん中あたりまで来て、雲間に見え隠れしながら、次第に薄くなって消えていった。

星空ライブのチャット欄は騒然となった。

「びっくり。宇宙にはまだまだわからないことがいっぱいです」

「何度見ても不思議」

「ドローン？　ＵＦＯ？」

確かに、これはUFO(未確認飛行物体)に違いない。

自然現象にしては、姿形の冗談が過ぎる。

かといって、地球外生命や使徒の襲来を信じられるほど我々は純朴でもない。

誰かがドローンでも飛ばしたのか。しかし、山頂は前夜から立ち入り禁止で、人っ子一人いないはずだ。もしいたとして、こんな嵐の夜にドローンを飛ばす理由が分からない。

レンズに強い光が入ってできる「ゴースト」の可能性はどうだろう。この夜は満月過ぎの月が上空にあり、これまでも強い光がレンズで乱反射して、ゴーストが現れることがあった。しかし、これまで月や天体のゴーストが渦巻き形だったことは一度もなかった。

YouTubeライブのいいところは、動画を巻き戻して何度も見られることだ。渦巻きの動きを繰り返し観察すると、雲があるところで見えにくくなり、雲が薄くなると見えやすくなっていた。どうやら、渦巻きは雲より遠方で起きている現象らしい。

渦巻きがもし宇宙空間にある何かだとすると、距離は少なくとも100kmはありそうだ。渦巻きの見かけの直径は角度で10°ほどあったから、100×sin(10°)で、実際の大きさは10〜20㎞くらいということになる。とんでもなく巨大な渦巻きだ。

結論から言うと、この渦巻きは、ロケットの残骸だったらしい。

実はこの1時間ほど前、米カリフォルニア州のバンデンバーグ宇宙軍基地から、宇宙企業スペースXが「ファルコン9」ロケットで軍事偵察衛星「NROL－85」を打ち上げていた。ちょうど渦巻きが見えていたころには、ロケットの2段目がハワイの北東方向にいた。

考えられるメカニズムはこうだ。

ファルコン9は、打ち上げ後すぐに1段目を切り離し、2段目のエンジンに点火して加速し、軍事衛星を軌道に乗せた。衛星を切り離した2段目は役割を終え、そのまま地球の周りを飛び続ける。地球を4分の3周ほど回ったところでハワイの上空に来たらしい。

2段目のエンジンはすでに停止しているが、ゆっくりと回転しながら、残った燃料をガスとして放出している。

ここまでなら衛星の打ち上げではよくあることで、普通は地上から見えることはない。

しかし、このときはちょうど夜明け直前の午前5時ごろだったため、地上はまだ暗いが、上空の宇宙空間には太陽の光が届いていた。

こうした夜明け前や日没直後の時間帯は、ただでさえ人工衛星など宇宙空間にある物体がよく見える。

今回の渦巻きは、ファルコン9ロケットの2段目が回転しながらガスを放出し、そこに太陽の光があたって大きな雲の渦巻きのように見えたということらしい。

ハワイでの星空ライブは2021年4月に始まったが、このような現象が撮影できたのははじめてだった。国立天文台の田中壱さんも「これにはたまげました」と語った。

渦巻きは、2023年1月18日にも再びハワイ上空に現れた。

この夜は快晴で、午前4時半ごろ、明るい点が画面の右から西方向へ進入してきて、途中でガスのようなものを噴き出して大きくなりながら、回転して渦巻きに「育っていく」様子が捉えられた。

こちらも、この1時間ほど前にスペースXが、フロリダ州のケープカナベラル宇宙軍基地から軍用のGPS衛星を打ち上げていた。

この渦巻きは映像のインパクトがあまりに強く、CNNやCBS、BBC、ガーディアンといった世界の名だたるメディアが報道した。日本でも、複数のネットメディアが報じてくれた。

朝日新聞は出遅れた。

新聞業界的には、他社がみんな報じているのに自分だけ報じていない状態を「特落ち」という。「特ダネ」の逆で、大変不名誉だ。

新聞社によっては、他社に社会面トップ以上の特ダネを2回抜かれたら、県警キャップ（警察担当の責任者）が更迭《こうてつ》される社もあると聞く。くわばら、くわばら。まあ、何回抜かれても、いつか特ダネを書いてリベンジすればいいんですよ。私はそう慰められながら育ちました。

2023年12月24日、三度目の渦巻きがマウナケア上空に現れた。

この渦巻きもファルコン9ロケットの2段目だったとみられる。このころになると常連さんたちも慣れたもので、ロケットの打ち上げ前から渦巻きが見えるのではないかとあらかじめ予想もされていた。そして午前5時前、予想通りに、ハワイ上空を渦巻きが通過していった。慣れというものは本当にすさまじいものである。

流れ星激増の理由

最近、ネットやテレビのニュースで、流れ星の話題が増えている気がしませんか。流れ星のなかでも、特に大きいものは火球と呼ばれ、雷のように周囲を明るく照らしたり、さらに大きいと燃え尽きずに地上まで落ちてきて隕石になったりする。

火球は、流れ星のなかでもかなり珍しい。

にもかかわらず、朝日新聞デジタルで「火球」を検索してみると、２０１９～２０２３年に少なくとも13本の記事がヒットした。

「満月の空に火球」「破裂音？『聞こえた』投稿相次ぐ」「大火球、東京の西の空に出現」「昼のようでプチパニック」「沖縄で目撃相次ぐ」「落ちてくるかもと怖かった」「まるで宝石が落ちたような美しさ」。見出しもどんどん大げさになっている気がする。

なぜこれほど目撃が増えているのか。

実際に火球が増えている、からではない。目撃が増えた原因は、デジタル機器の進歩と、ソーシャルメディア（SNS）の発達による。

なんのこっちゃ、と思われるかもしれない。とりあえず、デジタル機器の進歩については分かりやすいだろう。

まさに星空ライブがそうであるように、近年のデジタルカメラはきわめて感度が高い。マウナケアからの星空ライブは、夜空の条件が素晴らしいという理由もあるが、動画のための30分の1秒という短い露出時間にもかかわらず、肉眼で見える星の8倍もの数の星々が映る。天の川もしっかり見える。

こうした超高感度カメラが、200万円とか300万円でなく、30万円ほどで買えるようになったことが、私が星空ライブを始める大きなきっかけになった。中古だと10万円ちょっとで買えるものもあるわけで、始める際のハードルはずいぶん下がった。

超高感度カメラを夜空に向け、流れ星を常時監視する人たちも現れた。

世界最大級の流星観測網「SonotaCo（ソノタコ）ネットワーク」は、そうしたアマチュア天体家たちの集まりだ。

2020年7月2日未明。関東上空にきわめて明るい火球が現れ、千葉県習志野市で隕石が見つかった。「習志野隕石」だ。このとき、火球が飛んだ軌道をすぐに計算し、隕石の発見に結びつけたのが彼らだった。

「東京湾岸の陸地に向かったようです」

「隕石落下の可能性が出てきたように思います」

SonotaCo ネットワークの掲示板には当時、計算結果が次々と書き込まれた。翌日までに、火球が神奈川県上空から千葉県に向かって東京湾上空を飛んだことや、その日の風向き、風速から、隕石が見つかるとしたら千葉県の習志野市や八千代市付近だということも分かった。

こうした計算結果が報道され、隕石は数週間後に、予想された通りに習志野市のマンション敷地内や、船橋市の民家の屋根で見つかった。国立科学博物館の発表では、軌道が分かってから隕石が見つかった例は国内初。国際天文学連合（IAU）のまとめでも、2020年時点で軌道が判明した隕石は世界で42例あったが、ほとんどは隕石発見のあとで軌道が分かったり、軌道が判明してもあまり精度が高くなかったりしていて、今回のようにあらかじめ軌道が正確に分かり、捜索が呼びかけられた先で実際に隕石が見つかったのは世界でもきわめて稀という。

SonotaCo ネットワークは、ソフトウェアエンジニアで関東在住のSonotaCo さんが

2003年につくった。はじめは夜間の珍しい気象現象を見つけようとしていたらしい。デジタルカメラで撮影した映像から、突発的な現象をリアルタイムで検出するソフトをつくったところ、流れ星や雷に伴う放電が次々に検出できた。

ネットワークには、科学館の学芸員や高校の教諭、国内外の流星研究家らが集うようになった。プロアマ問わず誰でも参加できるように匿名の参加を認めているのが特徴で、ネットワークの名前も本業とは別の「その他」から名付けた。

国内の観測拠点は約30まで増えた。年に20万個以上の流星を観測し、うち2万個は軌道が特定できるという世界最大級の観測網だ。一時は、世界の流星研究者の論文の半数がSonotaCoネットワークのデータを使っていたという。

高感度になったのはデジタルカメラだけではない。自動車のドライブレコーダーや、玄関先に設置するような監視カメラもかなり高感度になった。なにしろ、スマートフォンのカメラで天の川が写せる時代である。

「なにか光ったように見えたけど?」

これまでは気のせいで終わっていた目撃情報も、ドライブレコーダーや監視カメラの映像を再生して確かめられるようになった。自分で撮っていなくても、SNSを見れば、火球の映像を投稿する人がたくさんいる。そうした映像がメディアに掲載され、さらに拡散していく。デジタル機器の進歩とSNSの普及によって「やっぱりあれは流れ星だったんだ」と確認できるようになった。

神奈川県平塚市博物館の藤井大地学芸員は、流れ星のヘビー観測者の一人だ。平塚市や静岡県富士市に50台のカメラを設置し、流れ星を常時監視している。大きな流れ星が現れるやいなやSNSに流れ星の映像を投稿し、すぐさま軌道の特定もしてしまう。

驚くべきは、その反応の早さだ。午前2時でも5時でも、大きな流れ星があればほとんど瞬時に対応し、「神奈川県や東京都、山梨県の上空を流れました。おうし座北流星群の火球でした」などと解説を付ける。私のようなメディアからの問い合わせへのレスポンスも早い。いつ寝ているのか分からない。まさに流れ星の伝道師だ。

14歳の大発見

三大流星群の一つ「ペルセウス座流星群」は、もっとも人気のある流星群だ。

毎年8月中旬に活動のピークを迎え、一時間に100個前後の流れ星が現れることも珍しくない。

流星の数だけなら、12月のふたご座流星群や1月のしぶんぎ座流星群も負けていないが、それら極寒の流星群と違い、お盆ど真ん中の暖かくて休みをとりやすい時期の流星群とあって圧倒的に観察しやすい。夏休みの自由研究にもぴったりだ。

2021年のペルセウス座流星群がピークを終えた翌日の8月14日。兵庫県明石市立野々池中2年の谷和磨さん（14＝当時）は、マウナケア山頂の星空ライブに首をかしげていた。

「ピークは昨日だったよね？　予想がずれた？」

谷さんは、2週間前からこのライブを観察しつづけていた。日本時間で毎日午後10～11時（ハワイ時間で午前3～4時）の1時間に現れる流星を数える自由研究に取り組んでいたのだ。

ピークだった13日は165個。それが、翌14日は196個と2割ほど多くなっていた。

同じころ、日本流星研究会の会員でアマチュア天文家の杉本弘文さんは、電波を使っ

明石市の中学2年生・谷和磨さんが観測したペルセウス座流星群

た観測で流星が増えているのに気づいた。すぐにマウナケアの星空ライブをディスプレーに映した。「電波観測で流星が増えはじめて、あれあれ？　と思っている間に爆発的な数になった。ライブでも確認したら、確かに流れている。これは本物だと」

視聴者たちも異変に気づいた。

「なんか今日も多くない？」

「ピークは昨日だったはずなのに、ずいぶん飛ぶねぇ」

特に、長く飛ぶゆっくりした流れ星がたくさん現れ、願い事も言い放題になっていた。

国際流星機構（ＩＭＯ）の発表では、想定外の大出現があったのは8月14日午前6～9時（世界時）。夜間だったアメリカやカナダの観測者が大出現を目撃したほか、電波観測では世界各地で一時間に２００個超の流れ星が観測されたという。

マウナケアの星空ライブで多くの流れ星が見えたのは、確かに大出現によるものだったのだ。


流星群は、彗星が放出したチリに地球が突入して起きる。五輪の聖火リレーで、聖火の煙がその通り道に漂いつづけていて、そこを突っ切ると煙さを感じるようなものだ。ペルセウス座流星群は、約１３０年の周期で太陽を回るスイフト・タットル彗星のチリに由来する。

彗星は太陽に近づいたり遠ざかったりしながら太陽を回っているのだが、毎回ぴったり同じ場所を通るわけではない。大洗発苫小牧行きのフェリーの航跡が毎回少しずつ変わるように、同じルートであっても、その通り道は少しずつ異なる。そして、最近通ったばかりの航跡は濃く、時間がたつと薄まるように、彗星が放出したチリも、はじめは濃くてだんだん薄くなっていく。

だから、彗星が通った直後のチリの帯に地球が突っ込むと、時には一時間に数千から数万個の流れ星が現れることがある。「流星雨」や「流星嵐」なんて呼ばれる。

有名なのは毎年11月にピークを迎える「しし座流星群」だ。およそ33年ごとに太陽に近づくテンペル・タットル彗星のチリに由来する流星群で、2001年には一時間に最大で1000個もの流れ星が5時間にわたって流れつづけた。私はこのとき、生まれてはじめて「流れ星を見飽きる」という体験をした。次の大出現は2034年ごろとみられている。

天文学者は、有名な彗星の通り道を過去にさかのぼって調べており、地球の軌道がいつの通り道に近づくかを予想できる。特に最近の濃い通り道に近づかないのであれば、一般的な流れ星の増減になるはずだ。

国立天文台天文情報センター広報普及員で、流星の専門家の佐藤幹哉さんによると、スイフト・タットル彗星については、過去2000年の通り道があらかた解析されており、2021年のピークも例年通りとみられていた。

夏休み前、谷さんは自由研究でペルセウス座流星群をテーマにするかどうかを悩んでいたという。第一候補ではあったが、流れ星がもっとも流れる時間帯は夜明け前のため、その時間に継続的に観察するのは、いくら夏休みとはいえ難しい。

小学生のころから通っていた明石市立天文科学館で相談してみると、井上毅館長が「ハワイの星空ライブで流星を数えたらいいんじゃないかな」と助言してくれた。時差があるハワイなら、日本時間の午後10~11時がちょうど夜明け前だ。

「この時間なら起きていられる」と思った。

観測を始めたのは7月29日。ピークよりもずいぶん早く始めたのは、「忘れん坊なので、毎日の習慣にしよう」と考えたからだという。

毎日午後10時が近づくと、あらかじめトイレを済ませてスタンバイ。5分前には部屋の明かりを消して暗闇に目を慣らし、スマートフォンを机に置いてカウントを始めた。

観測を始めた当初は、流れ星が流れるたびにノートに正の字を書いていた。ところが、真っ暗闇だとどこに書いたのか分からなくなったため、ただの線を引いて後から数える方法に変えた。

はじめの10日間は、満月過ぎの月がまぶしかったこともあって、多くても1時間に50個くらいしか確認できなかった。しかし、8月10日ごろからはみるみる増え、11日に106個、12日に151個、ピークの13日には165個を記録した。

「ふつうはピークの日までの観測で満足してしまいがち。ここからさらに観測を続けたのが素晴らしかった」と井上さんは言う。

14日もいつも通り観測を始めると、大きめの流れ星が次から次へと現れた。不思議に思いながら数えるうち、前日を大きく超える196個になった。その後、15日は130個、16日にも149個と再び増えたものの、17日には60個まで少なくなった。

自由研究では、14日の大出現について、「極大（ピーク）の日より翌日に多く流れたチリの位置が1日分ずれたか、別の群がかぶった」のではないかと考察した。自由研究は2部作り、1部は学校に提出し、もう1部は天文科学館にお礼として持っていった。

この日外出していた井上さんは、戻ってから職員が預かっていた自由研究を見て手が震えたという。すでに14日に大出現があったことは知っていたが、中学生がそれを独自に発見していたことに驚いた。すぐさま佐藤さんに「実は中学生がこんな研究をしてきて」とメールした。

井上さんは、私にも連絡してくれ、記事になった。

杉本さんらによると、この大出現を受けて、あらためて直近の数年のデータを見返したところ、ピークの翌日に多めになる傾向が確かにあったという。

ただ、佐藤さんは「２０２１年にこれほどの大出現があるとは誰も思っていなかった。中学生がそれを独自に観測し、ピークからずれた時間に出現したことへの考察も書かれていたことに感動して、涙が出てきた」と振り返った。

谷さんは「ピークの前後をグラフにしようとしたのが、珍しい現象でびっくりした。冬にはふたご座流星群やしぶんぎ座流星群もあるので、今回との違いを比べてみたい」と話した。

NASAが捉えた緑のレーザーの正体

星空ライブで本当に驚くのが、常連の視聴者の方々の眼力だ。
流れ星やスプライト（雷雲から上空に向かって起きる放電＝超高層雷放電）のような一瞬の自然現象も見逃さず、チャット欄に書き込んだり、専用サイトに記録したりしていく。明け方までずっと滞在している人も複数いて、いつ寝ているのかもよく分

からない。

なにより、かなりの悪天候の夜でも、10人くらいは視聴しているのである。本当に真っ暗な画面を何時間も見つづけ、わずかな雲の切れ間ができるやいなや、流れ星のチェックをする。もちろん、ボランティアである。

そして、大きな流れ星が現れたり、珍しい天文現象があったりすると、メールもくださる。おかげで、貴重な動画が失われる前に記録しておくことができる（YouTubeのライブは直近12時間までしか遡れないので、消えていく前に何らかの方法で保存しておかないといけない）。本当に頭が下がる。ありがとうございます。

この緑のレーザーも、きわめて一瞬の現象だった。

2023年1月28日未明。マウナケア山頂は曇っていた。一等星は見えるものの、ほかの星はほとんど見えない。望遠鏡群も観測をしていないようだった。

午前1時59分58秒。画面の左に、緑色のレーザーが縦に照射されるのが映った。レーザーは一瞬で消え、次に画面の少し右でまた縦に照射された。すぐさま再び少し右で照射され、断続的に照射を繰り返しながら画面を横切った。

スローモーションにして確認すると、レーザーは2秒ほどの間に、20回以上照射されていた。

「またまた不思議なものが見られましたね」

このころになると、常連さんたちもナゾに慣れたものである。すぐに推理が始まった。

考えられそうなのは、人工衛星からのレーザー照射だった。

地球観測衛星には、地表の高度を測るため、宇宙からレーザーを照射して反射して戻ってくる時間を計測しているものがある。その一つが、アメリカ航空宇宙局（NASA）の地球観測衛星「ICESat-2」だ。ICESat-2は、まさに緑色のレーザーを搭載していて、海面の高さや氷床の変化を観測している。

調べると、ちょうどこの日、ICESat-2がハワイ島の近くを通過していた。

「宇宙からのレーザーなんて見えるもんなんですね」

「しかし、こんなに望遠鏡が密集してるエリアにも照射するのかあ」

この夜が晴天でなく、雲があったためにレーザーが見やすかったのだろうという結論になって、とりあえずその日の夜は収まった。

ところが、話はそれでは終わらなかった。

NASAのゴダード宇宙飛行センターにあるICESat-2チーム。メンバーのアンソ

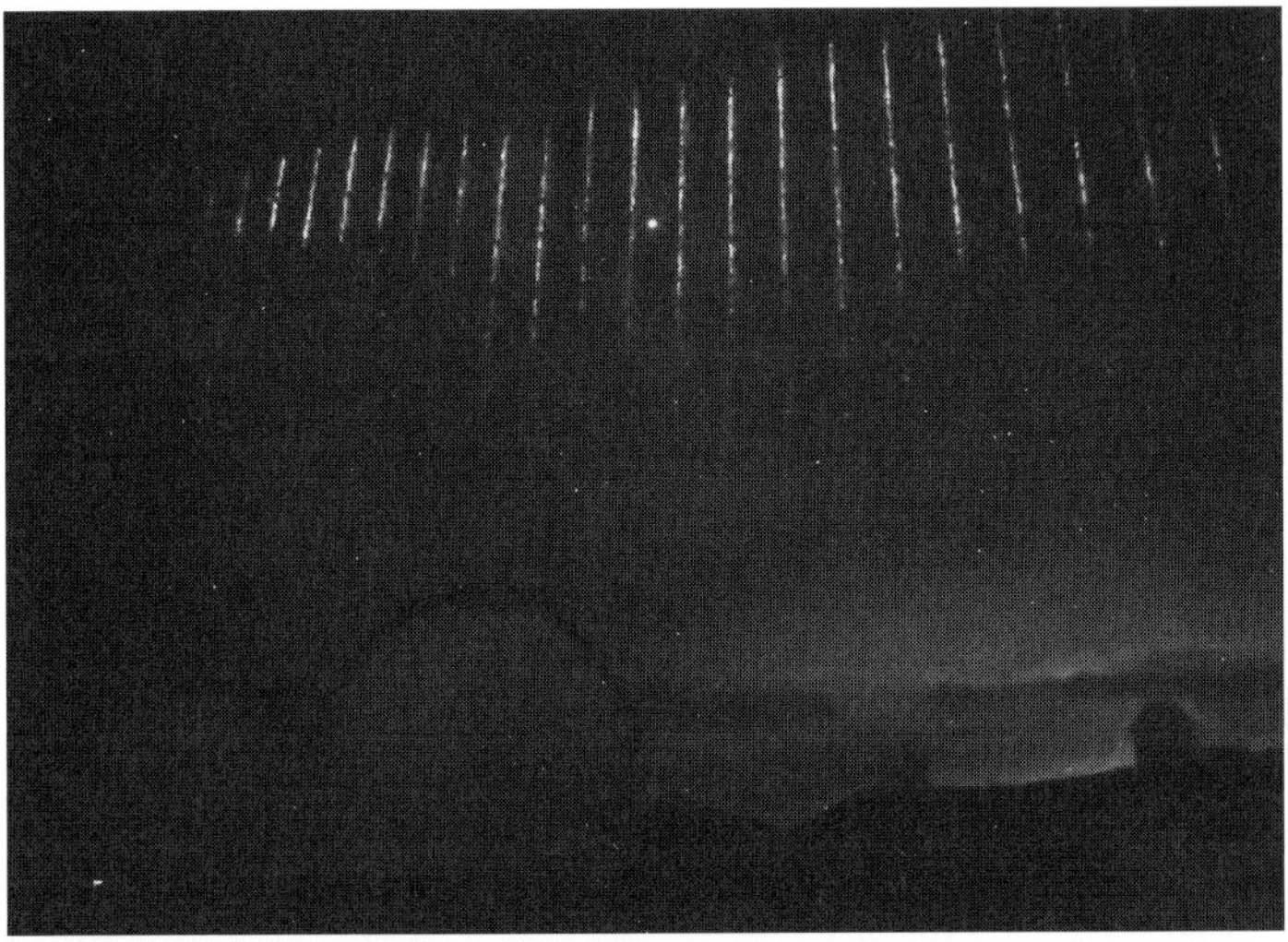

ハワイ島のライブカメラに映った緑色のレーザー光

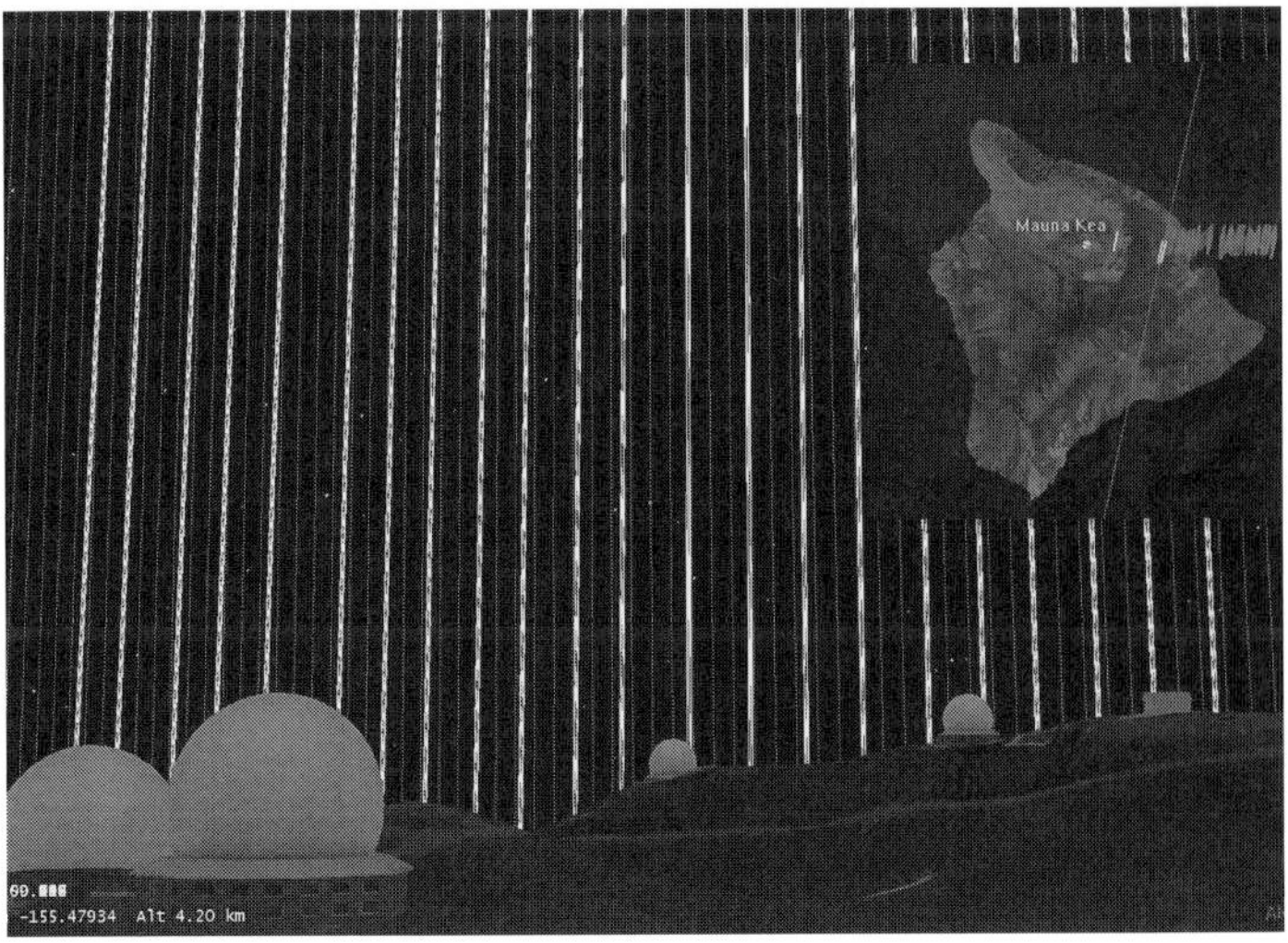

NASA研究者のシミュレーション結果

ニー・マルティーノ博士は、ネットで自分たちの衛星が話題になっていることに気づいた。

朝日新聞宇宙部のYouTubeチャンネルに星空ライブからの切り出し動画が掲載されていて、1万回以上再生されていた。しかし、ちょっとおかしい。ICESat-2がハワイ島の近くを通過した時刻と、レーザーが撮影された時刻におよそ1時間半のずれがあったのだ。これは、衛星が地球を1周する時間に相当する。

実は、この差は常連たちの間でも当初から議論になっていた。とはいえ、衛星の軌道が変わって、それが予報サイトにまだ反映されていなかったのかもしれず、それ以上はよく分からなかった。

マルティーノ博士は、すばる望遠鏡の窓口にメールして問い合わせた。

「星空ライブを撮影しているカメラの技術的な詳細を教えていただけませんか。特に、カメラが向けられている方向とレンズの画角、シャッタースピードとフレームレートを知りたいです。それが分かれば、なぜレーザーがあの映像のように見えたのかという疑問に答えられるかもしれません」

私と田中さんがそれに答えると、しばらくして、マルティーノ博士から再びメールがあった。

「あの夜、我々のICESat-2は確かにハワイの近くを通過していました。しかし、その通過時刻は、映像が撮影された時刻と大きく違っていました。そして、私の同僚が、緑のレーザーを搭載した別の衛星がその時刻、ハワイ上空にいたことを突き止めたのです」

その同僚であるイワノフ・アルバーロさんが探し当てたのが、中国の地球環境観測衛星「Daqi-1（大気1号）」だった。

開発元の上海航天技術研究院などによると、Daqi-1は中国初の本格的な大気環境観測衛星で、2022年4月に長征4Cロケットで打ち上げられた。緑色のレーザーを照射することでPM2・5（微小粒子状物質）やオゾン、二酸化炭素などの濃度を観測。「温室効果ガスを宇宙から観測することで、中国の排出削減を支援する」という。

このDaqi-1がまさにあの時刻にハワイ上空を北から南に通過していた。

アルバーロさんが、Daqi-1の動きや、公開されているレーザーの照射間隔などから、地上から見えたはずのレーザーの動きを再現する動画も制作。その動画は、撮影されたレーザーときわめてよく似ていた。

「さすがNASA」。私はうなった。

実は、ハワイでレーザーが撮影される1ヵ月前の2022年12月20日、朝日新聞宇宙部が福島県矢祭《やまつり》町の滝川渓谷に設置している星空カメラにも同じような緑のレーザーが映っていた。これも当時、常連さんが見つけていた。

アルバーロさんにこの情報を伝えると、さっそく調べてくれた。

「ご指摘のタキガワ・バレーのビデオを見てみました。マウナケアのレーザーと似ていますね。好奇心の赴くままに、その場所と日時の衛星を検索してみたところ、またもやDaqi-1を発見しました。驚きです！　そう、こちらも同じ衛星のレーザーだったのです。私は、映像に映っているオリオン座とおおいぬ座の一等星シリウス、そしてカバ山（と読むのではないかと信じています）の位置から、カメラは南西に向いていると判断して再現動画を作ってみました」

その再現動画は、またもや見事に映像のレーザーの動きを再現していた。

私は返信した。

「なんて素晴らしいシミュレーション。滝川渓谷と佳老《かろう》山が完璧に再現されています。このカメラは私の妻の実家に置いてあって、彼女の父親が管理してくれています。NASAの研究者がこんな事実を明らかにしたことを知ったら、彼は驚くでしょう！」

「そんなふうに言ってもらえてありがとう。私のシミュレーションが役に立ったとしたらうれしいです！」

マウナロアを流れる赤い溶岩流

今回のハワイ出張では、ハワイ郡（ハワイ島全体）のミッチ・ロス郡長にインタビューした。すばる望遠鏡などの望遠鏡群がハワイ島に与えてきたインパクトや、国立天文台や日本が今後、どんな役割を果たしてほしいかを聞くためだ。

面会のアポはあらかじめ入れてあったのだが、折悪しく、その直前の２０２３年８月８日に隣のマウイ島で史上最悪の山火事が発生し、１００人以上が犠牲になった。隣島の支援に追われるなか、ミッチさんは14日に30分の時間を割いて応じてくれた。

――すばる望遠鏡が完成して、２０２４年で四半世紀を迎えます。日本の国立天

文台がハワイ島に来たことで、どんな影響や効果がありましたか。

夜空を見ることは、とてもエキサイティングなことです。すばる望遠鏡がマウナケアに完成して25年。私たちは、その素晴らしい写真や映像によって、宇宙についての理解を深めることができました。また、気候変動のような、私たちが将来、よりよい世界を実現するための情報を与えてくれもしています。

そもそも、天文学は、ハワイにとって切り離せない関係にあります。1000年以上前、ハワイに最初にやってきた人々は、星を使って航海していました。科学がもたらす新たな知見によって、子どもたちや地域社会、世界の知識が向上するだけでなく、私たちは天文学を通じて、自らの文化や自分自身について学ぶことになるのです。すばる望遠鏡がこれからもハワイの物語の一部となり、子どもたちや世界の教育に寄与することを楽しみにしています。

――すばる望遠鏡が発見した成果や画像などで、これはと思うものはありましたか。

2022年11~12月にマウナロアが38年ぶりに噴火したとき、マウナケア山頂のすばる望遠鏡から噴火の様子がライブ中継されたでしょ? あのライブは、私たちを守る大きな助けになりました。

筆者のインタビューに応えるミッチ・ロス郡長

――あの中継は、星空ライブの特別中継でした。

そうなんですか！　あのライブは朝日新聞と国立天文台の共同プロジェクトだったんですね。スバラシイ。素晴らしいカメラです。

というのも、マウナロアが噴火した当初、我々はあちこちにある監視カメラで噴火の様子を確認しようとしたのですが、下から見上げるカメラでは、溶岩がどの方向へ流れていこうとしているのかを把握するのは難しかったんです。役所には、不安を感じた住民から、「溶岩はこっちに流れてきているんじゃないか。早く避難指示を出すべきだ」といった電話がたくさんかかってきていました。ヒロの街は、過去に何度も溶岩の被害に遭ってきましたから。そんなときに始まったのが、すばる朝日カメラの中継だったんです。

――星空カメラは天体観測を目的に設置していることになっていますから、あのときは、ふたご座流星群の特別ライブということにして、マウナロアは「たまたま」画角に入ったという建て前にしました。

夜のライブだというのが良かったです。溶岩が赤く映って、どっちに流れているのか、噴火の全体像がよく見えました。あれを見ると、人が住んでいるエリアには流れてきていないことが一目で分かりました。おかげで、住民に安心してもらうことができたし、我々も不要な対策をとらなくて済んだんです。

そうですか。あれはあなた方のカメラだったんですね。ありがとうございました。

――こちらこそ、そんな言葉をいただいてとてもうれしいです。

ドウイタシマシテ。これからもすばる望遠鏡や、すばる朝日カメラがハワイの物語の一つとなって、ともに発展していけることを願っています。

最終的に、2022年の噴火は1ヵ月ほどで終息し、溶岩流も山裾の途中で止まった。ただ、マウナロア山頂に向かう登山路は溶岩流で分断され、標高3400m付近

朝日新聞宇宙部のカメラが捉えた溶岩流

マウナロアの溶岩(アメリカ地質調査所提供)

にある気象観測所や天文台は観測中止を余儀なくされた。
マウナロアもこれまでにも繰り返し噴火しており、１８８０〜１８８１年の噴火では溶岩流がヒロの中心部まで到達した。１９４２年と１９８４年にも市街地の数km手前まで流れてきている。

ハワイ島のメンバーとして

ハワイ出張の最後に、すばる望遠鏡を運用している国立天文台ハワイ観測所の宮崎聡所長にインタビューした。

——すばる望遠鏡は、世界最大級の望遠鏡でも、広いエリアを一気に撮影できる特徴が知られています。どうやってそれを実現したのでしょう。

すばる望遠鏡はもともと、大型の観測装置も搭載できるようにかなり頑丈な設計にしてありました。視野をもっとも広く取れる、望遠鏡のてっぺんの「主焦点」に、

国立天文台ハワイ観測所の宮﨑所長

1・5tのカメラを設置することを想定していたんです。

すばる望遠鏡が1999年に完成して、「シュプリーム・カム（SC）」という広視野のカメラを設置しました。SCは2・5tありましたが、設計には多少は余裕があるのでどうにかなったんです。SCはきわめて遠くにある銀河の観測に活躍しました。

問題は、その後継機の「ハイパー・シュプリーム・カム（HSC）」でした。画素数が9億という世界最大のデジタルカメラで、2014年に完成しました。すばる望遠鏡の広視野を一気に撮影するために、キヤノンが直径1mもあるレンズを磨いたんです。

ところが、ＨＳＣを設計してみたら3・3ｔになってしまった。すばる望遠鏡を設計した三菱電機に相談しに行ったら、担当者は「ご冗談でしょ」って。

いや、重さはどうにかなるんです。望遠鏡の先っぽに重いカメラを付けるとバランスが崩れますが、後ろに重りを付ければいいんです。重要なのは、筒先が垂れ下がる望遠鏡のたわみが設計の限界を超えてしまわないかです。計算してみたら、許容範囲に収まることが分かった。なので、すばる望遠鏡はすごくたくさんの重りを付けて運用しています。

「ご冗談でしょ」の理由は、その直前に取り付けたばかりの接続装置を諦めないといけないということでした。すばる望遠鏡は、観測したい対象に合わせてＨＳＣのような観測装置をその都度交換していますが、たくさんある電気配線をそのたびにつなぎ替えないといけなくて、とても手間がかかっていました。それを、一気に接続できる画期的なアダプターを開発したばかりだったんです。でも、主焦点を軽くするために外さざるを得なくなった。なので、いまその接続は毎回手作業になっています。ここが課題です。

――マウナケア山頂では、国立天文台も参加しているＴＭＴ（Thirty Meter Telescope）の建設が暗礁に乗り上げています。

正直、山頂にさらに望遠鏡を建設することへの反対運動があそこまで広がるとは思っていませんでした。（日本、アメリカ、カナダ、中国、インドからなる）国際チームも合意形成をしながらやって来たはずなんですが、ＳＮＳの普及で、反対運動が広がりやすくなっていたということはあったと思います。

問題をどう解決していくのか。マウナケア山頂でされている天体観測の意義や、ＴＭＴに期待される科学的成果を地道に納得してもらうしかないと思います。方法の一つは、地元の人々の心を解きほぐすことでしょう。

我々にできることといえば、ハワイの子どもたちの教育への貢献が考えられます。いま、ハワイ観測所の研究者たちが、地元ヒロの学校で放課後に補講をしています。勉強についていけないような子どもたちに、かけ算を教えるんです。それが、いまの状況をどのくらい改善するのかは分かりません。ただ、ＴＭＴ計画がなかったとしても、国立天文台はハワイ島のメンバーとして、地元への貢献を考えなくてはいけないと考えています。

——最後に、星空ライブカメラについて一言お願いします。

朝日カメラ、あれはいいカメラです。ワイドアングルで星空を見せている。露出時間は30分の１秒？　長くするともっと星が写るのに。

実は先日、自分の小さなデジカメで星空を撮ってみたんですよ。30秒露出にすると、広角レンズでも大変な数の星が写るでしょ。静止画モードも搭載してみてくださいよ。まだまだ新しい可能性がある。サイエンスもできると思うんですよね。期待しています。

第5章

宇宙はどこまで分かったか

宇宙の誕生から1秒後の世界

人はなぜ宇宙を見上げるのか。

かつて、天体観測は、必要に迫られて行う実利に基づく作業だった。

古代エジプトの人々は、おおいぬ座の一等星シリウスが日の出直前に昇ってくるのを見て、洪水の季節の到来を察知した。古代ポリネシアの人たちは、うしかい座の一等星アークトゥルスの高度を確認しながらハワイとポリネシアを行き来した。大航海時代になると、航海の安全のためには正確な緯度と経度の計測が欠かせなくなり、イングランド国王チャールズ2世はロンドンの郊外にグリニッジ天文台を建設した。

その一方で、宇宙は、この世の果てがどうなっているのかという謎の対象そのものでもあっただろう。

古代インドの宇宙観では、母なる大地を支えているのは象で、それを亀が支え、さらに巨大なヘビが包んでいるとされていた。ガリレオ・ガリレイが望遠鏡で天体観測を始める1600年ごろまで、多くの人々は地球が宇宙の中心で、その周りを太陽や

素粒子物理学研究の第一人者・村山斉先生

惑星が回っているという天動説を信じていた。科学研究が進み、新たに分かった観測事実と、それまでの考え方に齟齬《そご》が生じるたび、人類は何とかつじつまを合わせようともがいてきた。

　また、地球外生命体について考えることは、つまるところ私たち人類はどこから来てどこに行くのか、そして、我々は宇宙でひとりぼっちなのか否かという究極の問いの答えを探すことと同じと言える。

　H・G・ウェルズが『宇宙戦争』でタコのような火星人を描き、それがラジオドラマ化されるとパニックが起きたように、20世紀初頭まで、人々は火星に知的文明があっても不思議ではないと考えていた。火星にある黒い模様は「運河」とされていたくらいだ。

その後の観測で、火星の平均気温がマイナス50度くらいと分かると、さすがに知的生命体は難しいと考えられるようになったが、それでもNASAの探査機「バイキング」が火星に降り立つ70年代まで、夏になればコケのような植物が生えていても不思議ではないと思われていたらしい。しかし、実際に送られてきた画像は荒涼たる砂漠で、生命への期待は一気にしぼんだ。

それから半世紀。現在は再び、地球外生命体発見への期待感が高まっている。

火星にはかつて大量の水があったことが分かったほか、土星の衛星エンケラドスの氷の下にも液体の海が広がっていることが判明した。探査機「はやぶさ2」が、生命の材料となるアミノ酸が小惑星にもたくさんあることを発見しており、海があるなら生命が生まれていてもおかしくないと思われている。2026年度を目標に打ち上げられる日本の探査機は、火星の衛星から砂を持ち帰り、生命の痕跡がないかを調べることを計画している。

望遠鏡やロケット、探査機など、新しい技術が開発されるたび、人類は新たな知見を得て、その宇宙観を一新させてきた。

現在、最先端の観測ツールの一つが、ニュートリノやヒッグスといった素粒子だろう。素粒子は物質を形作るおおもとの粒子で、量子力学の発展とともにここ100年ほどの間に相次いで発見されてきた。

素粒子を使えば、燃えさかる星の中心部やブラックホール、生まれたばかりの宇宙や未来の姿をも見通せる可能性がある。素粒子物理学は現代の物理学のもっとも重要なテーマの一つで、世界中の研究機関がしのぎを削っている。

そんな素粒子物理学の分野で、もっともホットな話題はなにか。

ちょうど、アメリカの「素粒子物理学プロジェクト優先順位決定委員会(Particle Physics Project Prioritization Panel＝P5)」が2023年末、これからの10年間にアメリカがとるべき戦略についての提言を9年ぶりにまとめたということを知り、委員長を務めたカリフォルニア大学バークリー校の村山斉・マックアダムズ冠教授に話を聞いた。

――まず、P5という委員会について教えてください。

素粒子物理学の国際的な状況を科学的観点から評価し、優先順位を付けてアメリカエネルギー省(DOE)と全米科学財団(NSF)に提言する諮問機関です。およそ10年ごとに開かれ、前回は2014年でした。今回は一年ほどかけて国内外の研究者の意見を聞き、タウンホールミーティングを開くなどしてまとめました。

これからはアメリカ政府や議会への説明が本格化します。アメリカでは春から秋ごろにかけて予算が決まるので、むしろこれからが大変重要です。

――現在進んでいる計画では、欧州にある世界最大の加速器「ＬＨＣ」のアップグレードが優先順位のトップになっています。

ＬＨＣは２０１２年、標準理論が予言した最後の素粒子「ヒッグス粒子」をつくることに成功し、翌年のノーベル物理学賞につながりました。

ヒッグス粒子は万物に質量を与える存在です。ビッグバンの直後、宇宙空間にヒッグス粒子がぎっしりつまったことで、電子や素粒子が自由に飛び回れなくなり、動きにくくなった、つまり質量を持つようになったと考えられています。

水が氷になると、それまで自由に動いていた水分子が動けなくなるように、我々はヒッグス粒子が宇宙を「凍り付かせた」と言っています。

ただ、本当にそうだったかを確かめるには、ヒッグス粒子がほかの素粒子とどれくらい相互作用するのかを調べないといけません。そのためにはもっとヒッグス粒子をつくる必要があり、陽子の衝突頻度を増やして10倍のデータを取ろうとしています。

衝突の頻度を上げることを「高輝度化」と呼んでいます。日本は電磁石や検出器の開発を担当していて、運転開始は数年後の見通しです。

高輝度化により、ヒッグス粒子同士の相互作用が調べられそうです。ヒッグス粒子同士の間には斥力《せきりょく》が働くはずなのですが、それを確かめられると期待しています。

でも、このアップグレードだけでは、観測の精度をそれほど高くできないんです。本当はエネルギーを10倍にしたい。そのためには、LHCを現在の1周27㎞から100㎞にして、強力な電磁石も開発しないといけません。残念ながら、現在の技術では難しい。実現するとしても2070年ごろになりそうです。

そこで提案されているのが、LHCのように陽子同士をぶつけるのではなく、ミューオン（ミュー粒子）同士をぶつける案です。ミューオンは質量が電子の200倍あってエネルギーを高くしやすいので、LHCの3分の1の大きさでもエネルギーを10倍にできる計算です。

重いといっても陽子の9分の1しかないのですが、陽子は三つのクォークでできているので一部しか衝突せず、エネルギーを使い切れない。ミューオン同士なら非常に効率的です。我々はこの計画を、月着陸を目指したムーンショットになぞらえて「ミューオンショット」と呼んでいます。

ただ、ミューオンは寿命がとても短くて、100万分の2秒で壊れてしまいます。

だから、ミューオンを作ったらすぐに加速させます。光速近くまで速くすると、相対性理論の効果で時間が伸びるので、ミューオンの寿命も長くなります。加速器を3000周できるくらい生きられるようになります。相対性理論って本当に不思議ですよね。

――優先順位の2番目はニュートリノ観測計画ですね。

はい。「Deep Underground Neutrino Experiment（DUNE＝深部地下ニュートリノ実験）」といって、アメリカイリノイ州の国立フェルミ加速器研究所から、1300㎞離れたサウスダコタ州の検出器にニュートリノを打ち込み、ニュートリノ振動について調べる計画です。

――このニュートリノ振動は、東京大学宇宙線研究所の梶田隆章教授が発見したものとは違うものですか？

基本的には同じです。いや、同じはちょっと言い過ぎなんですけど。ニュートリノは、電子ニュートリノとミューニュートリノ、タウニュートリノの3種類の間を変化していく性質があって、この変化をニュートリノ振動と呼んでいます。

最初は、そもそも振動しているかどうかも分からなかったのですが、梶田さんはそのうち1種類のニュートリノがなくなっていることをスーパーカミオカンデで確かめました。なくなっているということは別のものに変わっている、つまり振動しているということです。

ただ、ニュートリノ振動の詳しい性質まではよく分かっていません。日本は、スーパーカミオカンデの10倍の大きさのハイパーカミオカンデを建設して、ニュートリノと反ニュートリノの振動を詳しく観測しようとしています。

現在の宇宙は物質ばかりになっていますが、宇宙ができたときは反物質も同じくらい生まれたはずでした。しかし、物質と反物質の振る舞いに差が生じる「CP対称性の破れ」があったために物質が多くなったと考えられています。それを確かめようとしています。

――CP対称性の破れはすでに確かめられたのではなかったですか？　だから、小林誠先生と益川敏英先生にノーベル賞が出たのかと。

確かめられたんですが、あのCP対称性の破れだけでは、物質をここまで多くできないんです。ニュートリノの対称性が破れていた影響のほうが大きかったと考えられています。

スーパーカミオカンデに茨城県東海村の陽子加速装置「J－PARC」からニュートリノを打ち込むT2K実験が2010年に始まり、95％の確率で対称性が破れていることを確かめましたが、データはまだ十分とは言えません。物理学で「発見」と認められるには、99・9999%の確率でないといけませんから。

――ハイパーカミオカンデは2027年の完成予定なので、期待できますね。すると、DUNEより先に結果が出てしまうのでは？

DUNEの実験開始は早くてもハイパーカミオカンデの4年後ですから、その可能性は結構あると思っています。我々も今回、そもそもDUNEをやる価値があるのか、そういうところまでさかのぼって議論しました。

その結果、CP対称性のほかにも確かめなきゃいけないことが結構あって、最終的には、ハイパーカミオカンデとDUNEの結果を比べることで全体像が明らかになることが分かったんです。

たとえば、ハイパーカミオカンデではニュートリノの質量までは測れません。ニュートリノは、DUNEだと1300km先で観測するので、ハイパーカミオカンデの295kmよりはるかに長く地面の中を飛ぶことになります。ほかの物質とほとんど反応しないニュートリノですが、さすがにこれくらい長いと多少は反応します。ここで、3種類のニュートリノがそれぞれ地面と反応する度合いを調べると、質量を測れるんです。

ニュートリノの質量は、国立天文台のすばる望遠鏡でも調べようとしています。宇宙が生まれてから１３８億年間の銀河の分布具合を詳しく調べることで、宇宙にあるニュートリノの総量を測れます。

ニュートリノは、宇宙のどこでも１ccあたり約３００個あることが分かっていますから、総量が分かれば質量も分かる。銀河の観測から分かった質量と、ＤＵＮＥが測った質量を比べれば、どれぐらい確からしいかも分かりますよね。

ニュートリノは、加速器で作ったり、太陽や大気中でできたりした分もありますが、ほとんどは宇宙ができて１秒後ぐらいにできたものです。なので、ニュートリノを観察すれば、宇宙誕生から１秒後の姿を見られることになります。

ビッグバン以前を予測する理論

——すばる望遠鏡でニュートリノの質量ってどうやって測るんですか。

宇宙って、もともとはガスが漂うだけの空間だったのが、少しずつ物質が集まって、星や銀河ができたと考えられています。でも、目に見える物質の重力だけでは、全然足りないんです。いまあるくらいの星や銀河を作るには、ダークマターの重力がないといけませんでした。だから、ダークマターは「私たちのお母さん」なんです。

ダークマターは宇宙の成分の27％くらいを占めていますが、その一部はニュートリノです。ところが、ニュートリノってすごく軽いので、せっかく物質と一緒に集まってきてもスーッてすり抜けてしまう。ですから、宇宙の銀河の集まり方を丹念に見てやると、ニュートリノが集まりを薄めた効果っていうのを測れると考えられています。

――せっかく落ち葉を集めたのに、粒が小さすぎて飛んでいっちゃうようなものですか。もしかすると、優先順位の3番目にあるベラルービン天文台も、同じような観測をしようとしていますか。

はい、似たようなことを調べようとしています。チリに建設中で、もうカメラはできているんですけど、望遠鏡本体がまだ完成していないので、ファーストライト（初観測）は2025年になると思います。コロナ禍で結構遅れたと聞きました。

すばる望遠鏡に設置が進んでいる超広視野分光器「PFS」の観測開始もそろそろですね。同じくらいのタイミングになるかもしれませんが、日本が先んじる可能性は十分あると思っています。

東京大学木曽観測所の105㎝シュミット望遠鏡。「観測」と「理論研究」が互いに補いあって宇宙の起源や成り立ちを解き明かすことが期待されている

――将来計画では、日本が打ち上げようとしている観測衛星「ライトバード」のライバルとなる計画が優先順位のトップに挙げられていました。

ビッグバンの前に宇宙が加速度的に膨張していたというインフレーション理論を確かめる「CMBステージ4」計画ですね。

インフレーション理論は1980年ごろ、旧ソ連のアレクセイ・スタロビンスキーさんやアメリカのアラン・グースさん、そして東京大学名誉教授の佐藤勝彦さんらが提唱しました。ビッグバン宇宙論の問題点を一気に解決できるので、多くの物理学者が信じていますが、まだ確認できていません。

インフレーションがあったのなら、原始の宇宙に重力波が生まれていたはずで、その痕跡が宇宙マイクロ波背景放射（ＣＭＢ）の偏光として残っていると考えられています。

日本のライトバードと、ＣＭＢステージ4は同じ偏光を観測しようとしていますが、ライトバードが宇宙から広い範囲を観測しようとしているのに対し、ＣＭＢステージ4は南極点に望遠鏡を建設して、南極上空の狭い範囲で精密に調べようとしています。

ハイパーカミオカンデとＤＵＮＥみたいに、お互いに観測結果をチェックできます。ただ、南極点にあるアメリカの基地や輸送機がかなり老朽化していて、望遠鏡の建設が難しいのが現状です。

ライトバードは、計画より遅れていますが、それでも2032年度打ち上げということなので、おいしいところをぜんぶ取っちゃう可能性はあると思います。

——インフレーション理論が確認できたら、ノーベル賞は間違いなさそうですね。

本当に。インフレーションを最初に言ったスタロビンスキーさんは2023年末に亡くなられたので、残念ながらもう受賞できないんですよね。佐藤さんがお元気なうちに結果を出してもらいたいです。

月着陸から月面活動へ

村山さんに解説いただいたのは素粒子物理学の分野だけだったが、宇宙関係ではこのほかにも大型の計画が相次いでいる。ハッブル宇宙望遠鏡の後継機として２０２１年に打ち上げられたジェームズ・ウェッブ宇宙望遠鏡が宇宙で最初に輝きはじめた「ファーストスター」を観測しようとしているし、チリで完成10年を迎えた世界最大の電波望遠鏡ＡＬＭＡが太陽系の外の恒星に生まれようとしている惑星やブラックホールの直接撮影に挑んでいる。

小惑星探査機「はやぶさ2」の後継とも言える火星衛星探査計画「ＭＭＸ」が２０２６年度の打ち上げを目指していて、火星の衛星「フォボス」に着陸して砂や石を採取し、地球に戻ってくるサンプルリターンを予定している。うまくいけば史上はじめて、火星「圏」（火星とその惑星という意味）にある試料が手に入ることになる。

火星にはかつて大量の水があったことが分かっており、生命がいた可能性がある。土壌のなかにその痕跡が残っているかもしれない。火星に隕石が衝突したり、火山の噴火でそんな土壌が宇宙空間に放り出されたことがあったら、フォボスにその一部が届いていても不思議はない。

もしMMXの探査機が持ち帰ったフォボスの土壌から生命の痕跡が見つかれば、人類がはじめて見つけた地球外生命体の動かぬ証拠となり、どう謙虚に見積もってもノーベル賞は堅い。

火星には現在、アメリカや中国、インドなどがせっせと探査機を送り込んでいて、火星そのものの土壌を持ち帰ろうとしている。ただ、火星はかなり重力が大きいので、計画は難しく、時間がかかっている。MMXはその隙を突き、トンビが油あげをかっさらう可能性がある。

月では、アポロ計画以来、半世紀ぶりとなる有人探査計画も進んでいる。

2024年1月20日、日本の月探査機「SLIM」がはじめて月面着陸に成功した。日本はアメリカとソ連、中国、インドに続き、月着陸を成功させた5ヵ国目の国となった。

着陸時にSLIMはひっくり返ってしまったが、重力が大きくてパラシュートを使える大気もない月に、ゆっくりと降りられただけで大変な快挙だ。

２月には、アメリカの宇宙企業も民間初の月着陸を成功させた。日米など各国がせっせと月着陸の技術を確立しようとしているのは、今度はアポロ計画とは違って、月面に基地を建設して長期滞在をしようとしているからだ。

日本は、ＪＡＸＡとトヨタ自動車が月面車「ルナクルーザー」を開発したり、Ｈ３ロケットと新型補給機「ＨＴＶ－Ｘ」が物資輸送を担おうとしたりしている。こうした貢献が評価され、「アルテミス４号」に日本人飛行士が乗ることが決まった。うまくいけば２０２８年にも、月面に着陸できるとみられる。

アメリカの宇宙企業スペースＸは、月面着陸用の超巨大ロケット「スターシップ」の開発を急いでおり、宇宙開発関連の大ニュースがこれからも続きそうだ。

経理の本田さん、再び

朝日新聞宇宙部のＹｏｕＴｕｂｅチャンネルでは、こうした宇宙開発や天文学の最前

線、皆既月食や日食、彗星や流星群といった天文イベントを、動画とライブでどんどん紹介していきたいと考えている。

いまはハワイ・マウナケア山頂の国立天文台すばる望遠鏡と長野県の東京大学木曽観測所から主に中継している星空ライブも、さらに拠点を増やしたい。

できればアメリカ大陸にもライブカメラを設置したい。実現すれば、日本で夜が明けてハワイで日が沈むまで6時間ほど残っている、星空が映せていない時間がなくなり、365日24時間いつでも星空をライブ中継できるようになる。大英帝国がかつて「太陽が沈まない国」と呼ばれたように、朝日新聞宇宙部は、太陽が昇らない暗黒の帝国として世界に君臨するのだ。

いま、国立天文台の新たな協力を得て、南米チリのALMA望遠鏡の施設に星空カメラを設置できる見通しになっている。私はあらためて、星空カメラと配信用パソコン1セットの購入を会社に申請した。

この年は、カメラとレンズという組み合わせで予算を申請してあったので、配信用パソコンの購入費は計上していなかった。仕方なくレンズを諦め、その分をパソコンに流用することにした。

社内システムで購入方針の変更と予算の執行を申請すると、しばらくして、経理セクションの本田直人さんから携帯に電話がかかってきた。

「カメラとレンズの申請だったのを、カメラとパソコンに変えるのね？　値段は同じくらいだからいいけど、レンズはどうするの？」

「いやあ、とりあえずパソコンのほうが必要なんで。レンズは、前の年に購入して東京本社に配備している分を流用しようかなと」

「そしたら日本でライブできないじゃん」

「そのときはまあ、自分のレンズを使えばいいし」

「しょーがねーなー。いいからレンズも申請しときな。レンズがないと、撮るもんも撮れないでしょ。それで財務部と交渉してみよう」

本田さんは、かけそばを大盛りにするようにレンズの予算もねじ込んでくれた。


科学記者としていろんな研究者に話を聞いていると、自然科学に興味を持ったきっかけが宇宙だったという人が、研究分野を問わずたくさんいることに気づく。

ノーベル生理学医学賞を受賞した本庶佑さんに受賞の6年前にインタビューしたとき、「小さいころは天文学者になりたかった。夏休みに小学校の先生が望遠鏡で土星を見せてくれて。小さくてもはっきりした輪に感動しました。野尻抱影の本が好きで、天文少年だったんです」と話していたことが印象に残っている。

宇宙や天文は壮大で、美しくて、不思議で、謎に満ちている。日本の子どもたちの理科離れが叫ばれて久しいけれど、宇宙の美しさや素晴らしさを広く共有できれば、自然科学への興味をもっと持ってもらえるのではないか。

朝日新聞宇宙部は2024年4月30日、チャンネル登録者数が10万人を超えた。開設から3年3ヵ月での到達だった。登録者数が10万人になると、YouTubeを運営するグーグルから「銀の盾」が贈られる。チャンネルとして一人前になったという証しで、素直にうれしい。

チャンネル登録者約10万人到達者に贈られる盾

視聴者の数は、メディアとしての情報発信力そのものだ。

これに先立つ1月、朝日新聞宇宙部は、元JAXA飛行士の土井隆雄さんをゲストに招いたシンポジウム「朝日宇宙フォーラム」をライブ配信し、9万4000回の視聴数を得た。朝日宇宙フォーラムはこれまで、親チャンネルである朝日新聞デジタルのYouTubeチャンネル（登録者数約50万人）で配信していたのだが、前年の視聴回数は2万回弱だったので、5分の1の登録者数で5倍の視聴数をたたき出したことになる。宇宙や天文に関心がある人たちが、いかに多く登録してくれているかが証明されたと言える。

この発信力を生かし、朝日新聞宇宙部は、どんどん宇宙や天文の面白さを広めていきたい。たとえば、星空ライブが富士山や桜島、六甲山や函館の夜景とともに配信できたらどれだけステキだろう。石垣島からなら、南中十字星も楽しめる。

朝日宇宙フォーラムのようなイベントにも力を入れたい。研究機関や科学館、博物館などとコラボした企画もたくさん考えたいと思う。

宇宙部は、新聞社が運営する宇宙・天文チャンネルだ。取材したり企画したりしたコンテンツは、動画だけでなく、朝日新聞の紙面や朝日新聞デジタルのサイトなど複数の媒体で発信できる。

グループ企業には「朝日小学生新聞」や、商業宇宙開発を取り上げるウェブメディア「UchuBiz」があり、2023年には科学雑誌『ニュートン』も加わった。複合メディア企業の強みを生かし、宇宙や天文の話題をもっともっと取材し、掘り下げていきたい。そして、その面白さを、とりわけ多くの子どもたちに伝えていきたい。そのためには、朝日新聞宇宙部自身がもっともっと成長していく必要がある。

目指すは、日本一の宇宙・天文チャンネルだ。

チャンネル登録者数を20万人、30万人と増やしていくために、読者のみなさまも、ぜひチャンネル登録と高評価、よろしくお願いします！

あとがき

朝日新聞宇宙部のYouTubeチャンネル登録者数が10万人を超えたのは、2024年4月30日の未明でした。

登録者数を示すカウンターは、午前1時ごろにいったん10万の大台に乗りましたが、しばらくすると再び「99999」に。その後も、2人増えては2人減り、3人増えては3人減ってと、行ったり来たりを繰り返しながら朝までに10万人を超えていきました。

チャンネルの開設から3年3ヵ月で10万人に到達したということは、平均して一日約80人ずつ増えたことになります。しかし、実際には濃淡があり、流星群がある夜は増えやすく、悪天候が続くと伸びなくなります。増えることもあれば、減ることもある。宇宙部の歩みも、まさにそんな、三歩進んで二歩下がるの繰り返しでした。

遠征したのに天候に恵まれなかったり、肝心なところでパソコンがクラッシュしたり。想定外の問題が生じ、行き詰まりそうになるたび、多くの方に力と知恵を貸していただき、なんとかここまで来ることができました。

特に、国立天文台の田中壱さんや中島將誉さん、臼田－佐藤功美子さんらハワイの皆さんのお力添えは本当に特別でした。東京大学木曽観測所の酒向重行さんや高橋英則さん、森由貴さんらのご協力がなかったら、そもそも宇宙部は生まれていなかったと思います。

朝日新聞社の同僚たちにも助けてもらいました。弊社をめぐる環境はこのところ、うまくいかないことがたくさんあって、信頼を失ったり、大切な同期が何人も絶望のうちに去っていったりしました。その時々で、自分が力になれなかったことを申し訳なく感じています。

マウナケアの星空ライブ配信のチャット欄に、ハングル語でこんな書き込みがあったことがあります。


このライブを運営しているのは日本の新聞社だって？　韓国では考えられない。日本が科学技術立国たる理由が分かった。

自分にできることはまだあると思いますし、なんだかんだ言って朝日新聞はまだまだ捨てたもんじゃない。そして、そうであり続けなければいけないと考えています。

常連の視聴者の皆さんには、声を大にしてお礼を言わないといけません。特に、モデレーターとしてチャット欄の管理も担っていただいているmasami okabeさんとLa reineさん、ろっこつさんに深く感謝します。ほかにも、衛星情報を書き込んでくださったり、イベントを記録してくださったりしている多くの方々のおかげで、星空ライブは充実したものになっています。しばらく書き込みを見ない方々も、お元気だとうれしいです。

星空ライブは、ハワイと長野県のほか、私の実家がある香川県丸亀市と、妻の実家がある福島県矢祭町からも配信しています。機材にトラブルが発生したときに対応してくれる父正章と母弘子、義父母の佐藤隆さんと千恵子さんにも厚くお礼を申し上げます。

最後に、いつも相談相手になってくれて、すべてを支えてくれた妻瞳に、心からの感謝を込めて。

二〇二四年五月

東山正宜

東山正宜 ひがしやま・まさのぶ

香川県丸亀市出身、名古屋大学理学部物理学科卒業、同大学院素粒子宇宙物理学専攻修了（理学修士）。2001年朝日新聞社入社。水戸総局、新潟総局、科学部、西部報道センター、原子力規制庁担当などを経て、デジタル企画報道部次長。若田光一飛行士や野口聡一飛行士の帰還を取材。小惑星探査機「はやぶさ」帰還の写真で東京写真記者協会特別賞、H2Bロケット打ち上げの写真で九州写真記者協会賞特別賞。ライフワークの天体写真では、2012年に東京・銀座のリコーフォトギャラリー「RING CUBE」で写真展「都会の星」を開催。洋泉社から写真集『都会の星』を出版した。

朝《あさ》日《ひ》新《しん》聞《ぶん》宇《う》宙《ちゅう》部《ぶ》

2024年7月4日　第一刷発行

著者　東《ひがし》山《やま》正宜《まさのぶ》

発行者　森田浩章

発行所　株式会社　講談社

東京都文京区音羽二丁目一二―二一　郵便番号一一二―八〇〇一

電話　編集〇三―五三九五―三五二二

販売〇三―五三九五―四四一五

業務〇三―五三九五―三六一五

印刷所　株式会社新藤慶昌堂

製本所　株式会社国宝社

定価はカバーに表示してあります。　Printed in Japan

ISBN978-4-06-536013-2